谭 波◎编著

拼出你
精彩的
人生

吉林出版集团股份有限公司

图书在版编目（CIP）数据

拼出你精彩的人生 / 谭波编著. — 长春：吉林出版集团
股份有限公司, 2018.7

ISBN 978-7-5581-5207-8

Ⅰ.①拼… Ⅱ.①谭… Ⅲ.①成功心理－通俗读物
Ⅳ.①B848.4-49

中国版本图书馆CIP数据核字（2018）第134119号

拼出你精彩的人生

编　　著	谭　波
责任编辑	王　平　史俊南
开　　本	710mm×1000mm　　1/16
字　　数	260千字
印　　张	18
版　　次	2018年11月第1版
印　　次	2018年11月第1次印刷
出　　版	吉林出版集团股份有限公司
电　　话	总编办：010-63109269
	发行部：010-67208886
印　　刷	三河市天润建兴印务有限公司

ISBN 978-7-5581-5207-8　　　　　　　　　　　定价：45.00元

前言

所谓辩论，就是参与的双方运用一定的理由来论证自己的观点是正确的，揭露对方的观点是错误的，以便取得共同认识的一种语言交流的过程。

辩论可以说是口才艺术的精华，是增长智慧的重要手段，是磨炼思维的砥砺，是批驳谬误的武器。

在我国古代社会，雄辩家所向披靡的雄辩风采在历史上留下了辉煌的一页。

陈轸明其言，而敌军卷甲而去；苏秦行其说，而六国得以安；蔡泽一段利辞，秦相范雎拱手让出相位；诸葛亮舌战群儒，促成吴蜀联盟，杀得曹军人仰马翻……

而在现代社会，雄辩同样放出了夺目的光彩。

闻一多面对强敌拍案而起当头棒喝，周恩来外交辩论闪光话语处变不惊，"世纪之辩"撼人心弦举世瞩目，狮城舌战一再夺魁高潮叠起……

辩论的魅力是如此之大，如此令人神往！

在第二次世界大战的时候，美国人曾将"舌头、原子弹、金钱"视之为赖以生存和竞争的三大战略武器；现在又开始把"舌头、美元、电脑"作为三大战略武器。在这不断变化的三大武器中，科学代替了武力的荣耀，而舌头的霸主地位却始终丝毫未变！

站在历史的角度上来看，辩论是人类较早运用的言语交际形式之一，它的产生则是由于人们对客观事物认识和理解的差异所造成的。事物是现象和本质的统一体，而我们在认识过程中，却只能是透过现象去把握事物的本质，但是事物本质的暴露要经过一个过程，这就造成认识过程的复杂和困难。在这种情况下，认识主体由于能力的不足、方法欠妥以及由利害而导致的偏颇，都极易引发错误的认识。但要在正确与错误认识中弘扬真理、否定错误，必然要展开辩论。此外，人们还因生活经历、知识结构和思维视野等方面的差异，也不可避免地会在同一问题或对象方面产生意见分歧乃至对立。这样，人们势必要通过说理、辩论等形式，阐述自己的主张，以求得到对真理的确认。孰是孰非、孰好孰坏、孰美孰丑的争议，导致了辩论的发生。

早在我国的春秋战国时期，诸子百家就互相诘辩，以是己之说而非他人之说。当时的人们把善于言辞、精通辩论看成是一种重要的才能。与此同时，谈判手段也已被广泛地应用。《商君书·算地》中讲："谈说之士资在于口。"所谓"谈说之士"，就是擅长谈判的"说客"。而谈判就是通过说理与争辩，来解决某一争议问题，这也是一种辩说的形式。百家争鸣，促进了学术的交流，使古代文化的发展达到了一个高峰，也促使一些学者专门从事辩论之道的研究。墨子、荀子等思想家对辩论都进行过认真的研究和较为详细的阐述。为了适应当时辩论的需要，各学派还广设学堂、招揽学士、辩天下大事。这说明辩论产生于生活实际，产生于思想交流与明辨是非的需要。

总而言之，辩论在应用于语言交际的过程中广泛涉及政治、经济、军事、文化、外交以及生活等多个方面，它的形式也是复杂多样的，有不同的种类或不同的层次。尽管辩论的内容与形式均有所不同，但都是思想交锋和澄清是非的过程。辩论是我们生活中须臾不能离开的工具，借助它智慧得以增长，真谬得以区分，文化得以交流和发展。辩论不仅推动了社会的进步，也促进了个人素质的提高，它在社会和个人发展两个方面都起到了至关重要的作用。

CONTENTS 目录

第一章

为胜辩做准备

01

打开自闭的心锁

[一　重新认识自我]

每个人天生就具有辩论的天赋，就像每个人天生就要吃饭、睡觉一样自然。不需要太多的智慧或者是洪钟般的声调，我们完全可以在自家厨房里轻声细语达到以理服人的目标。但是，如果你不准备表达自己的话，当然也就无法去说服他人。

每个人在进行表达之前，或多或少都会在心理上存在一定的顾忌。这些顾忌可能来自父母师长，也可能是源于我们自己。总之，这些顾忌会使我们与外界隔绝，缺乏表达的能力，更谈不上所谓的辩论了，因此失败也是必然的。但是究竟什么原因使我们如此画地为牢？当我们来到这个世界上以后就一直被教导要避免冲突，只要一张开小嘴呼喊，立刻就有奶嘴塞进来。这样的结果，让我们学会了循规蹈矩，只懂得埋头不语地去做。我们还知道，几百年前的中国妇女有缠小脚的陋习，这可是极不人道的野蛮做法。你能想象到小姑娘的脚被抑制成长而扭曲变形的可怕景象吗？她们因此而不能尽情玩耍、跑跳、舞蹈，甚至不能很好地行走，受压抑而退缩。缠脚尚且如此，禁闭孩子的心灵岂不是更不人道！

在我们已经接受的一些思想中，我们多次被教导不要轻易显露自己的情绪，要注重理性，蔑视感情。男儿有泪不轻弹，医生不可受病人情绪感染，律师对客户也不可过度关心，商人则须表现冷酷与精明，人们仿佛活在冷冰冰的机器世界。于是，当年轻的律师第一次面对陪审团，发现在毫无实践经验的教授熏陶下，自己早已丧失辩论的能力。同样地，往往在自己长大后，才惊奇地发觉原有的辩论潜能都已在父母与同辈的巨大影响下备受压抑。

随着我们的成长，我们会越来越多地接触到辩论二字。但是，这两个字带给我们的往往是反面的联想。造成这种情况的原因大多是因为父母与师长给我们的强大压力，以及我们早已接受的宗教、哲学、价值观和传统智慧。这些社会规范，对我们的理智与心灵形成了很大的桎梏，从而使我们缺乏接受挑战的胆量。我们从小就被塑造成不会制造麻烦的机器，由连续的生产线塑成乖巧的学生、安稳的消费者、顺从的市民，任何野性的个性都被驯化。

但人的灵性往往像蒲公英一样，茎叶虽然被铲掉，但只要根须尚存，就可以复活。再生的新苗也许柔弱无力，但却是新的生命，而且必将茁壮长大。我们现在要做的正是找出自己的根苗，好好培育，茁壮成长。

事实上，很多人都把自己关在囚笼里，然而这笼子的钥匙就在自己的手里。其实，只要我们打开窗，就能迈出接触世界的第一步，就能提出疑问，理直气壮地要求别人尊重，将自己的思想和创意与别人共享，勇敢地说出心声，追求爱情，实现正义，真正活出一个自我！

很多人无法全面、真实地认识自我，往往是因为无法克制自己的恐惧。其实，恐惧是敌人也是朋友，有时也是痛苦的来源，每一个人都厌恨它经常来临，它同时也是一种挑战，可以使我们的感觉更加敏锐。就好比侧头静观周围变化的麻雀一样，面对恐惧则更加警觉。在森林里，公鹿一听到树枝断裂的声音就立刻撒腿飞奔，这就是恐惧的力量。如果没有这种恐惧，也许它就活不到今天。只有那些不知恐惧为何物的幼鹿才会沦为猎人客厅的装饰。我们总想逃避恐惧带来的痛苦，但须知恐惧也是一种能量，面对恐惧就能将它化为自己的力量。很多人抱怨自己没有辩才，羡慕那些可以雄辩滔滔的人。然而，这种心理无异于祈求死亡，因为要成为别人就必须放弃自我的特性。也有人谦称自己不够权威，不足以和别人辩论。但我认为，每个人就是自己唯一的权威。

事实证明，适当的恐惧对人的发展也是有好处的，有时候，我们应该去拥抱恐惧。没有恐惧，何谈勇敢？勇敢的定义不就是面对恐惧？军人冲锋陷阵的时候如果不知道自己面临怎样的危险，又怎么能称为勇敢？抛开这些的话，战士的勇敢与疯子的"勇敢"还有区别吗？恐惧看似痛苦，却是每一个人存在的明证，让我们真正明白内心深处的主宰力量，是生命而不是死亡——因为死者是不会害怕的。如果要证明自己的存在，就必须要鼓起勇气去为自己辩论，因为一切辩论皆始于自我。正如美国神学家、教育学家泰立克所说：证明自我需要"存在的勇气"。拥抱恐惧，切实感受并接纳它，就是自我存在的宣告，也是一切辩论的力量来源。

[二 辩论的必要性]

扪心自问，我们为什么要去辩论呢？是为了证明某种观念合理，是为了向别人请教，当然这些都有可能。因为所有的这一切都须凭借辩论来得到证明。如果没有辩论，国家将荒寂无声，失去创造力，那么又何谈发展呢？工厂也将被废弃锈蚀，失业开始蔓延，教育体系也将面临残破不全，贫民窟遍布，监狱人满为患，司法制度分崩离析，道德沦丧……这一切证明，领导者、企业家和教育家，还有广大民众，都亟须倾听我们的辩论，交流彼此的心声。

辩论的艺术实质上是生命的艺术，善于辩论的人都活得很精彩。事实上，人生成就的取得，以至丰富的文化遗产的积累，都是与辩论息息相关的。

02
走出权力的阴影

　　在与人辩论时，我们很多时候都会面对，甚至是恐惧对方的权力，这是每个人想取胜但又要多加考虑的事情。其实，权力是一个人之所以不同于其他人的独特力量，这个力量可以使人得以成长并发挥潜力。权力可以促使你展开行动，是一种创造力，也是喜怒哀乐的激情；也可以说是一个人独有的特性，其中融合了你的性格、才华、经验，这个权力只属于你，没有人能够夺走。也许每个人都有无穷的权力，却丝毫不会减少它的价值，但一点也不容浪费或滥用，否则这股力量可能反过来摧毁自己。当然，权力是不能放弃的，因为放弃权力等于放弃自我。

　　有这样一个经典的案例，是一个叫史宾塞的律师的切实体验：我的当事人因操作设计不当的起重机而导致脑部严重受伤。法律理应站在他这边，但是，保险公司拒绝赔付，还聘请最有名的律师协助制造商开脱罪行。我要为当事人主持正义，就必须打败这名大律师。那段时间我经常睡不着觉，望着天花板苦思对策。

　　我当时就认定对手辩论技巧比我好，外貌比我讨人喜欢，总体上也很占优势。我深信他比我更能取信于陪审团。保险公司一向喜欢聘用笑容可掬、个性讨人喜欢的律师。随便走进哪个法庭，你都可以轻易辨认出保险公司的律师：相貌堂堂，头发梳得整整齐齐，通常穿白衬衫，领带与深蓝色条纹西装搭配得完美无缺；而且看起来没有一点儿架子，非常谦虚，和蔼可亲。总之是无可挑剔，让人不由自主会相信他，他也因此常常稳操胜券。

　　在这种情况下，正义自然就受到考验。这个口是心非的人在陪审团眼中竟然摇身一变，成了谦谦君子。然而，他的唯一目的是让可怜的受害人受冤难雪。我该怎么做才能在陪审团面前揭发对方律师的狡诈？如何才能赢得辩论？

很明显，我知道保险公司的律师是最可恶的，但又实在无法摆脱对他的恐惧。与别的律师碰面时，我一有机会就谈起这个人，越了解越发现他简直是无懈可击；而且人很好，甚至曾被他击败的人都喜欢他。我彻夜不眠苦想各种办法，最后想出了这样的辩护词。

诸位女士、先生：

高塔先生确实是个好人。然而，案子结束之后，他不会因你们的判决而有任何收获或损失，他得到的收费是不变的。不管判决如何，案子结束不久，他又会从同一个客户接下另一个案子（法律规定不能告知陪审团，他的当事人其实是保险公司）。不管案子真相如何，明天高塔先生走进法庭面对另一批陪审员时，脸上还是会带着同样机智的笑容，风度翩翩，和蔼可亲。想到这里我不寒而栗，不管真相如何，不管法律站在哪一边，不管他的当事人多么邪恶，他都不会改变，他还是那么完美。

我想，人们可能会愿意他胜过我，觉得他比我更可亲。的确，他是那种看起来让人很想跟他做朋友的人，而我却比较有棱角，看起来不那么容易接近。

虽然法律站在我们这一方，但我担忧你们会因为喜欢他而做出有利于他的当事人的判决。这是我的由衷之言，也是我反复思考的一件事。

最后，我的确把这套说辞搬上法庭，结果却令我惊讶而忿忿不平的是我的当事人败诉了。事后，一个陪审员热心地告诉我他的想法。

"史宾塞先生，你难道不信任我们的判断？"

"我当然信任。你怎么这么问？"

"因为你大费口舌向我们诉说，是担忧我们会把这案子当作律师间的性格竞赛。你多虑了，我们衡量的是事实，并不是哪个律师更好一些。"

就在那一刻，我恍然大悟。原来是我自己在费尽心力证明自己不够好。我耗费太多精力把对方的律师当作假想敌，却未能全力提出足以说服陪审团的证据。是我自己赋予对手打败我的力量，而这一切都已太迟。我终于明白，我从一开始就没有搞清楚真正的对手在哪里。我面对的是自己一手制造出来的巨人，是我赋予了他力量，是我授权他击败我。多年后，我和这位律师成了朋友，发现他确实是个好人，总是尽其所能为客户辩护。

当年，我还不可能完全明白这些道理，毕竟这是要经过惨痛教训才能领会的。在现实社会中人们常会碰到在某方面比自己强的对手，这时我们往往竭尽时间与精力考虑对方的优势，却因此把权力授予了对方。然而，不管多么高明的辩论都不能改变对方，我们唯一有能力改变的是自己。

自从经历了那次事件以后，我就真正地成熟了，我学会了如何使自己强大，而不赋予对手一点儿力量。我把自己的全部力量保存起来，用在准备案子与关怀客户上。我学会倾听内心微弱的声音："没有问题，你已经够好了。只要能用心发现自我，忠于自我，真诚表现自己，每一句话都发自内心，就足够了。要知道童真未泯的心灵是一切力量的来源。"最后我对自己说："我赐你制胜的力量。"

总而言之，世界上有太多的困境和障碍在等待着我们。这就要求我们不管面临怎样的局面，都要相信自己是一切力量的来源，相信自己能够战胜一切艰难险阻。

然而，权力和责任是缺一不可的。如果没有律师提供事实，法官也就无法伸张正义；没有员工的合作与尊重，老板永远无法达到自己的目标。这不是很大的讽刺吗？追根究底，权力难道不是依旧掌握在无权者的手中？

一般来说，父母最感动的是子女能理解自己的苦心，从而奋发向上。老板最满足的是员工能体谅他的压力，从而全力配合。然而，我们可以决定是否要帮助肩负重任的掌权者，决定权永远掌握在我们手中。当我们决定帮助掌权者时也就等于自己也掌握了权力。当然权力常会把人抬上云端，使他自我陶醉，在云雾迷茫中对自己认识不清。然而，盲目自大的人是不可能成功的。我所知道的伟大人物从不认为自己伟大。如果自认具有伟大的潜能，这个潜能便永无实现的机会。大文豪斯坦贝克对他的不朽名著《愤怒的葡萄》如此评价："虽然我很希望它是伟大的著作，但它不是什么伟大的著作，它充其量只是本平凡的小说。可悲的是，我已尽了最大的努力。"

所以，每个人都应该清醒地认识到，任何阻碍和控制我们的力量都来自我们自身。如果我们能克服自身的怯懦，那么我们就不会受制于任何威胁与恐惧，而能最大地发挥自己的潜力。

我们需要一些权力，但那些权力必须是我们自己的权力。在雄辩中，我们所显示的权力不必赤裸裸地显示，它有时也可能以温柔、同情、关爱、谦卑、敏感等形式表现出来。有些象征权力的声音，如权威人士的粗嘎语气或流氓地痞的要挟，其实是缺乏安全感的可悲表现。过度施展权力往往是为了掩盖懦弱或严重的性格缺陷。权力常常不能让人如愿以偿，你不能凭借权力去赢得爱情、尊重与成功。权力确实充满诡秘——有时没有权力的人才是最有力量的。历史上有太多实例可以证明，温顺而未被权力腐蚀的人才是未来世界的主宰。

显而易见，不论自己或他人的权力都源于自身，甚至可以说"我"就是权力。

03
倾听世界

要想学会辩论，首先应该学会如何去倾听。在辩论中，有的人常常文不对题，对别人的意见也总是置若罔闻，总是听不懂别人所要表达的意思。还有一些人看不出对方的弱点或是对手的疑惧，甚至对整个辩论过程的来龙去脉都不甚了然，归根究底都是因为不懂倾听的艺术。倾听，还包括听出说话者的言外之意。举一个例子：有一个人担任一位寡妇的辩护律师，在与陪审员见面时问："看到一个寡妇争取亡夫应得的赔偿金，你感觉如何？"被问人回答："我不知道。"

接着，律师又问："你对这种赔偿诉讼觉得反感吗？"

被问者说："不会的！"然而，他真正的意思却是"或许会吧"。只是他不想公开辩论。如果这是在家里与妻子讨论的话，他一定会有不同的反应。因此律师又问："如果你在家与老婆讨论这个问题，你是否会对她说：'我觉得丈夫死了还打官司要钱不太应该，人都死了，钱难道能使他起死回生？'"

他说："我不会和老婆讨论这种问题。"这明显是在拒绝回答问题。

"假设我们俩是好朋友，边喝啤酒边讨论这个案子，你会说些什么？"

"我不喝啤酒。"

"那改成喝咖啡好了。"律师还是尽量友善地提问。忽然，陪审员大声地说："我父亲被杀害后，我母亲一毛钱也没拿到！"听了这句话以后，明智的人一定能够体会陪审员的痛苦。原来他自幼丧父，是寡母含辛茹苦将其抚养长大。

"你母亲一人独立支撑家庭一定很辛苦。"律师继续温和地说，然而陪审员感觉到的却是一种设身处地的亲近感。

"可不是么。"陪审员表示赞同。

"没有父亲的孩子，长大的过程一定很艰辛吧？"

"如果小时候你有能力为母亲争取权利，你会这么做吗？"

"我当然会竭尽全力去做。"

就这样律师和陪审员的话不断地进行着。最后，律师提出希望在这个案子中为理查逊夫人和她的孩子讨回公道，"您赞成吗？"

"赞成！"这时陪审员斩钉截铁地回答。

通过这个例子，我们可以充分地看出倾听的巨大力量。善于倾听可以拉近人与人之间的心理距离，从而使你在工作甚至是辩论中取得胜利。

生活中，倾听的艺术处处存在。你随便走近一对正吵得不可开交的夫妻，侧耳去倾听，就会发现其实所有的争执都在表达，同时也希望对方被倾听。如果心事没有人知道，不被了解，或无人爱，即使有人相伴也是孤独的。争执的背后往往就隐藏着被倾听的需求，凡高就是苦盼知音不可得而先割去耳朵，继而自残。唉，我们都是在寻找善解人意的耳朵呀！

如果你能冷静地听自己或别人的激烈争辩，那么，也请你耐心地听听隐藏在长篇大论后面的哭诉、歇斯底里背后的寂寞与绝望和淹没在嘶喊中的恐惧。当你听清楚所有的烦乱与喧嚣，然后冷静问自己：这丑陋的喧闹背后隐藏着什么样的痛苦？

总而言之，在与人对话时，倾听是一门艺术。愤怒与报复心理只能充斥我们的耳朵和大脑，使我们关闭自己的头脑和心灵。这样会使我们的神经紧绷，随时准备战斗。但是，却无法做出有效的辩论，当然也就不可能说服对方了。

西班牙有一个斗牛的术语是"Verilegar"，海明威在《午后之死》中对它这样解释："冷静地看着牛冲过来，专心地观察牛的来势，思考就势对付的办法。沉着地看着牛冲过来是斗牛时最重要也最困难之处。"其实，这个原则对于辩论同样适用。无穷的知识就像地下的宝藏，在等待被挖掘。我们只要竖起灵魂的耳朵，听它告诉你些什么，而且必须确信不疑。不要把这看作在宣扬神秘主义，我只是确切地指出那有我们与生俱来终生不断积聚的知识宝库。随着年岁的增长，这个宝库会在不知不觉中逐渐稳定地扩大。于是谈话时，你会下意识注意到自己说话时的语法、语调和抑扬顿挫，这往往比语言本身更能凸显说话者的特点和意愿。记得小时候母亲常对我说："一个人只要一开口，你就能判断他是什么样的人。"

我们可以迅速地打开这个宝库，翻阅其中的众多藏书，从而选出与当时的选择相关的资料。而且，我们还可以赋予最后的选择以正面或负面的感受。一般来说，善于倾听灵魂之声的人具有最敏锐的直觉。其实，每个人都有一双灵魂的耳朵，会不断地把接收到的信息向我们报告，重要的是我们必须愿意倾听，而且深信不疑。

但是，我们怎么去相信这种无法证实的心声呢？我们所接受的教育一直在反复地告诉我们：凡事要讲究证据！而且，人的理性只能理解某个范围的事实与观念，甚至这种理解也不是百分之百，总是会有几分风险与不确定之处。反之，灵魂的耳朵可以接收到所有的声波，据以构筑最坚实的基石——感觉。我们无从得知灵魂的耳朵究竟如何运作，重要的是只要用心体验，就能感觉心跳的节奏，体会灵魂的智慧。

只要你用心去倾听，就能听出说话者的语言所蕴含的乐曲。每个人都有自身特有的乐器，也就是声带，而且时刻都在演奏着乐曲。正如光线透过滤纸显现出滤纸的颜色一样，语调也会透露出说话者的本性与情感。

我们都有这样的经验，当我们的对手在最后总结他们的辩论时，我们会往后仰靠，闭上眼睛，任由语言溜走，完全静心地倾听他们的声音。而声音也往往比语言更具有传达的效力，会流露出说话者的急切、关怀、愤怒、诚实以及足以令人旁听的其他因素。不管内容如何，如果声音无法感动我们，肯定也无法感动旁听者。意义全在声音里，唯有听到具有穿透、逼迫、警醒力的声音，我们才会准备反驳。

古往今来，历史上的伟大的演说者可谓是字字珠玑，而这些精彩的演说其实都归功于演说者在用心灵朗读。

确实，人们往往可以通过对方简单的动作看出对方对自己的态度和感觉。例如，握手。你是不是有过对方在握手结束前几分之一秒放手的经验，那无可挽救地泄露了他急于离去或厌恶你的信息。你有没有注意过，有的人选择与你握手而不是拥抱；在礼貌性的拥抱时，你有没有注意过对方的身体有种保持距离的企图；还有，拥抱过后彼此直身时，对方的眼睛是否在看你，他的眼神在说些什么。

同样，肢体语言在表达内心方面也有重要的作用。通过对肢体语言的观察和分析，我们往往可以看出别人内心中的恐惧、无聊、厌恶、关注、关怀或恨意。可见，只要去观察，肢体语言会告诉我们很多信息。解读肢体语言最简单的方法是模仿，在模仿时可以去想象自己采取同一种姿式时是何种感受。譬如两个人在对话，其中一人食指紧贴在嘴唇上，这个动作是在警示自己多听少说。如果是食指伸直轻触嘴唇，则是怀疑"此人所言属实"。如果女人两腿紧紧交叠，或是双臂紧紧环抱自己，通常都具有明确的意义。我们还可以观察一个人走路的姿态，看他是不是动作迟缓，仿佛整个世界的重担都落在他肩上；或者是轻快活泼的小跃步；或者是重重踏步，好像与土地有仇。在法庭上，律师通常会有助理做笔记，这样他们才有工夫观察每个陪审员走进来的姿态。

没有一个人能说清楚，为什么人们总是喜欢辩论。每天我们都看到各种人为了不同的理由辩论、争执、吵架，对某些人来说，生命简直就是永无终止的辩论。但是，真正高明的辩论者却懂得倾听的艺术。

04
措辞的力量

回顾一些经典的、真正的雄辩，我们可以看出这类雄辩字字珠玑，而且比喻也巧妙得当。当人们从"文明"转向"世故"时，便利用各种标志来彰显自己的身份，向世人炫耀。于是，我们开始不再说普通的语言，开始偏好可以显得自己比别人有学问的深奥字眼。我们开始用脑（而不是用心）生活，说每句话都要先经过脑子筛选，挑选出最花哨和最有学问的用语。渐渐地我们发现了语言不仅能保护自身不受伤害，更可以让自己像穿着保护罩一样确保安全，即用花哨字眼密织成保护罩、铁布衫。

但是，语言的防护有它的两面性。所以，虽然我们有时和别人交流，但是却始终无法触及他人的内心世界，就好像隔靴搔痒一样，永远也触碰不到事物的实质。当你用语言层层保护自己时，同时也将对方关闭在你的关爱之外。

语言，如果不能创造意象，不能具备情感或视觉的内涵，或是缺乏智力性的话，就应该被废弃不用。所以，在日常的交流中，我们要尽量使用一些简单的语言，使用那些可以创造栩栩如生的形象、以形象与动作引发情感的语言。

与咬文嚼字的推敲相比，语言的自然流露显得更为真诚也更为重要。因为，斟酌出来的字句是有意识的脑力活动，必须从自己头脑中的字典逐字挑选，这显然不是很好的沟通方式。就好比在用叉子喝蔬菜汤，你能想象用叉子吃到汤里的马铃薯、豌豆和胡萝卜吗？应该是用汤勺一口一口才能喝出汤的全部滋味。如果发自内心说话，语言自然源源流出，就像一匙勺恰恰包含最合适的成分。有人曾向美国申诉法庭提出过全部内容就是几张漫画，而没有援引任何法令的辩护状。结果证明很成功，大为吃惊的可能不止是对手，还包括法官大人。还有人也曾写过诉状控告某跨国大财团收购森林古木，希望能加以制止，所以在诉状中指出：政府"以超低价格"将某河流上游的森林卖给这家公司，"甚至低于管理这片森林的成本"。而另一个人用最浅近的文字说明：这不是买卖而是赠送。这个流域是动物的栖息地，浓密的海滩松与云杉遮蔽野鹿、蓝松鸡、雪兔、红冠啄木鸟，以及数千种高山动植物。开采森林将破坏这些动植物的家，并且必然要开山挖路。挖土机与伐木机的噪声打破宁静，伴有很多人声吆喝。无情的巨轮压过森林地表，大地动摇散离，森林中所有生物无不战栗恐惧。这样的文字一点都不像法律文件，但是却更能表达对破坏大自然的严肃指控。我们不妨比较一下传统的写法："机动车引入上述区域，将对该地生态造成无法弥补的损害。"你感受到以上两者的差别了吗？

著名的环保人士杰斯洛很善于用深情的演讲打动人。虽然，他的脸削瘦而覆满胡荏儿，薄嘴唇似乎永远湿润，下颚突出如脱臼的手肘。然而，所有听他演讲的人都如痴如醉。下面是他的演讲的一些精彩的片段：

"20年内，地球的物种将有三分之一消失！"此时，杰斯洛怒吼，凹陷的腹部系着一条长皮带。他仰头望着高大的微木，悲愤地举起手："我们在森林中的弟兄们正陷入绝境，古老的森林注定要在刽子手的电锯下断头。"他每句话抑扬顿挫，头随着用力摆动，"这场战役不止是为猫头鹰，不止是为一座森林，或美丽的花木、原始的草原和适合散步踏青的山径，也不止是为了保存鱼种丰富的河流好供民众假日垂钓，这是为了垂死的大地之母的沉痛请命。因为只要一种物种灭绝，我们的母亲便死去一部分，而此时此地正是我们宣战的最佳机会，也是我们拯救母亲的最佳时机。"

当杰斯洛说到这里，他停顿了，他等待自己的语言生动地充满听众的心灵。他接着又说："毁灭森林就是毁灭全人类。"他的话掷地有声，"如果你以为地球的命运与你不相干，那是你的眼光太短浅。你呼吸的空气难道不是你的一部分？请停止呼吸一分钟再回答我。河流难道不是你的一部分？试试一天不喝水再回答我。森林同样也是我们的一部分，森林被破坏等于我们被侵害。"

之后，他的语调变得异常平静："法律已经背弃我们。"他以近乎责难的眼神环视大家，露出歪斜的牙齿，"法律不会保护这片森林，也不会保护猫头鹰。但是——"他停顿的时间掌握得恰到好处，"人民才是法律的代言人，而在场的就是人民的代表。"

杰斯洛的演说显然是很有鼓动性的。他用自己的热情和富有想象力的措辞感染着听众。他的言辞不再是简单的表达内容的符号，而是进入人们内心世界的一股股暖流。这正是措辞的魅力之所在。

第二章

辩论的致胜方略

01

为辩论建造防线

辩论在某种意义上可以说是一场故事，我们不必严格区分它的所在地。因此，组织一场辩论也像是建造房子一样，首先要先有结构。将来的房子是否结实，是否经得起风雨，那就要看房子的结构是不是足够坚固。所以我认为为辩论构筑最坚固的结构就是把辩论看成为故事。

古往今来，讲故事一直都是人类传承经验的主要方式。在人类发展的漫长历史过程中，人们多少次聚集在火堆旁，孩子躲在大人身后，瞪着大眼睛专注地听着，老人以粗哑的声音娓娓述说生命的故事。故事里蕴含宝贵的启示，千百年来人类一直通过故事学习知识。

地球上充满了各式各样的生命形态，有食草族、猎食族、飞翔族、水生族、穴居族、寄生虫，而只有人类是故事族。而这也是我们人类区别于其他物种的重要特征。孩童之时听到的故事是最重要的经验，深深影响着我们长大后的处世为人，甚至永远深植于我们的意识之中。人们所看的电影、电视和话剧，也都是故事。即使是短暂的电视广告，也通常是一个在数秒钟内完整呈现的小故事。讲故事是人类的天性，听故事也是，所以故事是所有辩论的最佳构成。

德国哲学家汉斯·费英格曾经写过一本名为《虚拟哲学》的书，这本书除了归纳法与演绎法之外，还提出了第三种原创思考模式，那就是虚拟思考。神话、宗教、寓言、隐喻和格言，乃至法律上的假设类推，都是日常生活中虚拟思考准确的方向。最有力的辩论便是以虚构思考为架构，如耶稣的寓言、部落酋长的伟大事迹、有社会文化背景色彩的童话故事与传说等。诺贝尔文学奖得主刘易斯、名作家马奎斯和约瑟夫·卡贝尔，都认为虚拟思考是人类思想的原创模式，深植于人们的基因中。

要想使你所讲的故事给别人留下深刻的印象，你就必须先在自己头脑中描绘出生动的故事画面。例如，有人要向市政府报告建筑新路，用以取代危险而不堪使用的旧路，既可以直接指出市政府应该给纳税人提供安全的道路，而目前的道路极不安全，根本不符合最低的公路安全标准，接着详列现有道路违反法律规定的哪些标准，还可以用下列故事的形式表达自己的立场：

今天，我开车带着4岁的小女儿经过滨海公路。我为自己和女儿紧紧系上安全带，因为我知道这是一条危险的道路。但我们别无选择，这是通往市区唯一的道路。同往常一样，我开得很慢，尽量靠近路边。开到第一个可怕的弯道时，我心想，万一迎面碰到酒醉驾车的人怎么办？或是有人超速越过中线怎么办？那时我根本无处闪躲，因为路实在太窄太陡了。我望着小女儿心想，这太不公平了，她是无辜的，凭什么要冒这种危险？我开进弯道时，看到对面来了车，霎时头脑中闪过无数念头。我想到十年来这里有4人因车祸丧生，受伤的还不知有多少人。以每千人比一的死亡率来计算，这里简直是比战场更危险的一级战区。还好，这次我和女儿侥幸安全走过，因为这次碰到的驾驶人没喝醉，开车专心，车子又没有出问题。可是，会车时确实已经没有多少空间了，我只要伸出手就可碰到对方的车身。问题是：下次我和女儿会不会变成伤亡统计数字的一部分？到时候您还会记得我们吗？记得我曾经在此恳求您为了我的小女儿做点什么。

这段话创造了强烈的视觉意象，仿佛看到无辜的人无处躲闪的险境。想来市长读了也要大受感动而负起应有的责任。"记得我曾经在此恳求您做点什么？"这样锐利的文字武器，让人读后久久难忘。

无论辩论的主题是什么，辩论时运用故事永远是最容易的形式。属于你自己的故事无须追寻下个重点或下个句子，也无需背诵什么东西，因为你早已了然于胸，闭上眼睛，脑海中便栩栩如生地演出。

故事确实有很大的魔力，它是人类特有的语言表达形式。运用人类所自然拥有的故事结构，叙述者可以轻松地去做最有力的讲述。枯燥是所有辩论最大的敌人，故事则是枯燥的天敌，能让人感动，能触及我们最柔软、最不设防而又影响决断的地方。

可是，故事应该如何开始呢？很多人认为从结尾开始会更吸引人。比如，某种车辆因刹车设计不当而给顾客造成了严重的伤害，顾客在法庭上希望让法官了解汽车制造商这么做等于是谋财害命。这场辩论可能就是一个故事，而故事的开头可能先叙述顾客在某个愉快的周日下午开车出游。

在阳光灿烂的春日午后，暖暖的太阳无私地照耀着大地，鸟语花香吸引着出游的人们。当我边开车边享受春色的时候。忽然，路边蹿出一头牛来，我想马上踩住刹车。没想到后刹车竟然失灵！簇新的车子开始打旋，而我真的不知如何是好：如果放开刹车，便会撞上牛而受重伤，甚至死亡；如果继续踩住刹车，车子在失控之下不知会酿成什么大祸。我想自己必死无疑了。

运用这样的倒叙法往往能够制造双重悬念，让读者产生想象：顾客最后是否安然无恙？造成这一恐怖经历的罪魁祸首是谁？听者的兴趣将一直保持到了解整个事件的始末，包括汽车制造厂的工程部门前一年已发现这个问题，但管理阶层仍坐视问题恶化，因为他们估算召回所有车辆成本过高，还不如打官司及赔偿伤亡者合适。接着顾客还会指出同样的噩梦也发生在许多无辜驾驶人的身上，当然，这是他们在买车时没想到的。然后，顾客将法官带到车祸现场，看看车身与车盘怎样压在驾驶人身上；而面目全非的尸体甚至必须先肢解才能拖出来。

当然，顾客还会向法官讲述那个受害者是谁，在什么地方长大，上过什么学校。甚至，告诉他们受害者小时候的模样，和他曾经拥有的抱负、成功与挫折的经验。同时告诉他们受害者夫妇如何省吃俭用才买下这部车子，带着怎么兴奋的心情开回家给孩子们看。谁知这样勤俭买来的车子会夺去一家之主的性命！顾客最后还要介绍他的家庭，他那天真可爱的孩子，还有坐在孩子身旁胆怯慌乱的妻子。没有人能忘得了这样的故事。法官们退席讨论时，受害者的影子会留在他们头脑中。

毋庸置疑，任何故事都应该有个主题，而这所谓的主题也就是辩论中争辩的主要论点。首先要自问："我的目标是什么？"比如目标是请市政府拓宽道路，主要论点就是市政府有义务保护人民的安全。如果目标是为受害者的家属争取赔偿金，主要论点就是贪婪的制造商应为受害者的死负责。正确把握主要论点，你就能达到目标。

要想全面了解故事结构，就要知道影响故事结构的一些因素。这些因素包括：

（1）我的目标是什么？

（2）构成这一目标的主要论点是什么？

（3）我凭什么能达成目标？

（4）什么样的故事最能表达上述论点？

看了上面的这些因素，你是不是很受启发呢？如果你已经写出了辩论的提纲，那么你现在就要反复地检查它很多遍。甚至，你必须重新整理，排列组合，并用红笔圈出关键词。你还可以用生动的词汇或比喻，象征整个辩论的灵魂，甚至可以押韵复诵。这也许可称为"主题"吧。主题是一篇辩论词的灵魂。选择适当的主题有助于掌握议题核心，创造胜过任何文字的心灵意象。

辩论的事前准备工作，其实是人们极其关注的。这些准备工作说起来也许很简单，但是真正实行起来却不是简单枯燥的，而是充满了创造的喜悦。所谓准备实际是在体味生命，在其中挣扎翻滚，而仍拥抱生命，拿出全部的自我来生活。准备工作，就是勤于丰富灵魂。天才不是脑细胞的特殊组合，而是方向明确的能量发射。天才就是百分之百的准备。

可以说，准备辩论对一个人来说不是工作，而是游戏。当我们在做准备时，我们可以把自己当作一个孩子。孩子是从来不会厌倦游戏的，总是以自我为中心，全神贯注，贪心地要从游戏中寻找快乐。孩子很容易因对事物好奇而着迷，在游戏中雀跃忙碌。印第安穿鼻族酋长斯莫摩霍尔说："我的年轻族人永远不需工作。人在工作时无法做梦，而智慧却常在梦中产生。"

你想要说服公司老板改变政策吗？你想说服父母答应你的计划吗？或者，你想让法官判决你的当事人胜诉吗？那么，你不仅要努力研究并探讨，还要全力投入，积极备战。好好玩一场游戏吧！好好整理你的想法，为你的辩论做准备。你会看到新的观念从神奇的隐匿处不断跃出，你不仅将体会到发现新论点的惊喜，还将重新认识历史上最有趣的人——你自己。

然而，准备究竟要到什么程度才算是完备？其实，这与个人的胃口有很大的关系。我记得有一个胖子用很大的粉红色瓷杯喝咖啡，他那微笑的、肥胖的脸好像在说："我不贪吃，只是要的比较多而已。"

在真实的辩论过程中，恰当的、添加感性的东西会充分激起人们内心的感动力量，也会使你的辩论不至于落入枯燥的抽象说教中去。如果把人的行为进行分层，那么抽象便是次于生动形象的层次。举个例子，如果用抽象来叙述一个铁匠的工作的话应该是"铁匠利用各种工具从事各种体力活动，最后形成产品"。每一句话都对，但这样对于了解铁匠的工作却帮助不多。我们换一个表达方式可以说："铁匠拿起沉重的铁锤高举过头，仿佛要挥出致命的一击。左手的钳子夹住火红的热铁块，固定在铁砧上。只见他用力击打，在一下下的重击下，铁块开始慢慢成形，最后变成一块准备为牧场的老马挂掌的马蹄铁。"

想要避免内容空洞、叙述抽象，就必须在表达中加入富有动作的动词和形象的画面。比如你在辩论中加入这样的例子：一个人踏着沉重的脚步回到空无一人的家；铁匠如何为老马制作马蹄铁。抽象的解释总感觉有点枯燥，通常会要用到例证，这样可以清楚地知道是怎么做的。不要光是口头叙述，画一张图或事情发生的时间表，知道实际的事件与时间。避免抽象，演出形象的活动剧，这个原则绝对适用做准备工作。做准备工作时要时时自问："我是在抽象描述，还是像孩子一样又说又演？"切记，故事之所以感动人，在于它能避免抽象，它是创造活动。听到别人的抽象辩论，我们必须在脑海里制造图像，如果不这样做的话往往就会因为对问题了解不够而缺乏对问题的关心，对方的话无法在心中留下印记。即使能自觉把抽象的叙述演化成具体图像，但这时的对方已开始下一个抽象叙述，最终我们终将迷失在对方的文字障碍中。

最后，要想有所准备，我们就必须学会如何自白。自白，可以帮你建立信用的同时，还可以增加辩论的说服力。要习惯在一开头就承认事实。即使事实对自己的辩论不利，但我们仍坚信诚实是最佳选择，因为真相一旦被对方揭露，杀伤力绝对比自白更大。犯错可以被原谅，犯错而企图掩盖却不能被饶恕。自己承认错误还有机会解释，把伤害减至最低。别人会耐心听你自白，如果是被揭露后才试图辩解，别人通常就没有耐心了。当总统的都应该谨记这个道理。当初尼克松原可以避免水门案事态扩大的，只要他一开始就承认："这件事我确实知道。那是一群追随我的人热心过度做错了事，才使局面弄得不可收拾。我诚恳希望这件事从未发生过，希望全国同胞能原谅我。"橄榄球名教练兼体育播音员约翰·马顿说："一个人爬旗杆越高，衬裤被看得越清楚。"所以对于一些事情，要想赢得辩论，坦诚自己未必不是好办法。

02
准备辩论前的沟通

在日常的交往和沟通中，我们往往由于对方的不理不睬而陷入尴尬的境地。那么，如何使对方愿意去听你说话，愿意和你沟通呢？其实，方法很简单，那就是真诚相待。不要对辩论有任何的压力，而是要把辩论看成是礼物，是我们自愿敞开思想、情感和欲望，与对方分享。可是，万一对方不愿意接受，又怎样去体会你的好意？我们也许碰到的是一扇未打开的门。刚刚开始发表议论，对方便摆出防卫姿态；一旦发现我们的语调与用词遣句有辩论的迹象，便赶紧关上门窗。凡是可能预示辩论的征兆，都会唤起对方自我保护与报复的情绪和力量。从古至今，人类面临生死存亡的关头时，都是这样激发力量。而这些防守机制一旦被启动，对方的心灵之门便永远对我们关闭，我们在开始就已经输定了。

只要我们能把对方紧紧关上的心门打开，哪怕是打开一条缝，那么我们的辩论就不会很艰难。当对方愿意去倾听时，即使运用最简单的辩论也可以说服他。反之，如果对方根本无心倾听，即使巧舌如簧，恐怕也将如对牛弹琴。那么，怎样才能打开对方的心灵之门呢？

当对方拒绝你的辩论时，他的耳朵就会像塞了棉花，而他的听觉机制也就会随之关闭，就好像一个字字珠玑的演说家面对一群完全漠视他的人一样。在我们的辩论中，如果遇到这样的情况，该怎么办呢？其实，这时的演说家会故意突然中断，然后问大家是否听清楚了刚刚说的话。若是听众没有任何反应，他会挑出一个人问："能不能麻烦你重复一遍我刚刚说的话？"事实证明他的怀疑确有根据。然而，演说家的辩论内容毫无问题，信息的表达也很完整，问题只是听众感受到了某种敌对，从而关闭了听觉机制。那么，对方的心灵深处究竟潜藏着什么样的恐惧？事实上，很多的情况造成了这样的现象。比如："接受你的论点会让我有屈服感。""恐怕你会觉得我很软弱。""这样会减弱我的力量吗？""如果认同你的看法，你还会尊敬我吗？""我会因此失去部分自我吗？""我会因此失去金钱、地位或权势吗？""我将必须承认自己有错误吗？""我将因此被迫做不愿意做的事吗？""这次让步是不是会唤起我过去相类似的痛苦经验？""我会觉得自己是个失败者吗？""我将使自己陷于不自在，甚至无以自处的境地吗？""我必须重新修正自己的想法吗？""我将因此蒙受任何损失吗？"等。

其实，听众在接受演说者的演说时，偶尔的一个思想也会使他们分心。而只要上述任何一点的答案是肯定的，听众就不会继续听你的论述了。听众甚至会反驳你、高声打断你，发出理性或非理性的嘶喊，用尽各种轻蔑、侮辱的字眼。总之，就是听不进你的话。所以，在打开对方的心灵以前，首先要对付他所认为的恐惧。

要让对方竖着耳朵听你的，关键是把你的力量交到他手上。要是你这样做了，他就不会对你或你的论述感到恐惧。只要你让他清楚地感觉到有权力接受或拒绝你的辩论，便可瓦解他那强烈的自我防卫意识。怎么样去平抚恐惧的心灵呢？我们举一个例子。

有个猎人在山里迷路好几天，当他精疲力竭的时候，发现了一间小木屋。屋主是一个性格怪癖的隐士，传说对任何闯入者都深怀敌意，但迫于饥饿，猎人仍走进禁地。

对于这样的情况，猎人可以选择下列两种策略：一种是用枪迫使隐士就范，劫夺他的食物，但事后可能要接受法律制裁。另一种是隐士可能出手夺枪，进而引发枪战。如果猎人射中隐士，他将被控谋杀罪；如果猎人自己被射中，同样是一场悲剧。

然而，猎人选择了最聪明的方法。他走向前敲门，等隐士开门，猎人先打声招呼，并主动将枪托递向隐士。隐士当然非常惊异，但仍把枪收下。"能不能用枪和你换点食物？因为我饿得实在受不了。"由于武器在隐士手上，他感到很安全，同时也很高兴猎人对他很尊重。于是，他邀请猎人进去，为他准备晚餐。饭后，隐士将枪还给猎人，并指引他如何走出森林。

一般来说，恐惧总是让人怯步，给对方选择权力则是消除恐惧的好方法。聪明的医生要努力说服病人接受必要的手术，同样会让病人有自己决定的机会："你不妨听听其他医生的意见，也可以读一读这本刊物，或者请教其他病人。决定权还是在你手中。"雇主如果要员工延长工时而不加薪，可能会这样开始："对不起，公司有点困难，我想跟你谈一谈。"员工会问："是什么困难？"老板把他请入办公室坐下，把公司最近的财务报表拿给他看。两人开始讨论公司的状况，老板将他采用过的节省成本的方法全部说了一遍，说，"如果再找不到别的办法，看来得再设法降低成本。"这位老板并没有放弃权力，只是让自己员工加入解决问题及决策的过程。不管最后的决定是什么，员工们都会觉得他们有机会表达意见，而老板也会感到自己并未独断专行。

要想发表议论并使听众能够接受你的言论，你就要用尽各种方法打开听者的耳朵。然而，很多人习惯于无视听者的智商，一开口就露出居高临下的姿态。抱这种态度来发表演说的人是绝不可能打动听者的。比较聪明的做法就是给听者权力。你不妨换一种方式："在此我要与各位分享我的梦想，你们可以帮助我实现梦想。"当你听到自己竟然有能力帮助别人实现梦想，难道会不好奇？还有一些演说者会说个笑话开场，但万一笑话不好笑，演说者将面临一场灾难。听众或应付地笑一笑，但这样的笑声当然很难听，而演说等于一开始就失败了。掌握笑话的分寸是非常困难的，与主题不符或太夸张都不适当，若是格调与主题冲突更会危害整篇演说。这就好像先扮成小丑跑进会堂逗笑，之后即使换上西装领带，你还能期待听者严肃地听你演说吗？历史上伟大的演讲都没有开场的笑话。罗斯福总统在珍珠港事变发生后，发表了著名的演讲《耻辱之日》，开头就没有笑话；马丁·路德·金的《我有一个梦想》的开头也没有笑话，虽然他是个说笑话高手。笑话是可以营造欢乐的气氛，我们当然也希望讨好听者，但所有的听者不见得都是喜欢说笑话的人。既然不是脱口秀的主持人，何必让听者产生这样的印象？这样，到头来只怕是扮不成喜剧演员，反倒被人批评太肤浅、轻浮。

那么怎样才能与听者形成良好的关系，让他能接受我们的论点呢？有人指出，脸上随时挂着微笑就会拉近和听者的距离。所以，有些人好像常年戴着一副微笑面具。这其实是很有道理的，正所谓伸手不打笑脸人。微笑代表和善，和善的人总是讨人喜欢的，更何况微笑还是赚钱的利器。电视上每天都有人露出笑脸向我们推销汽车、洗发精和汉堡包。微笑有很多种。有些人微笑的目的是要我们喜欢他，进而能遂其所愿，这种人最偏好的武器是简单式的微笑。我想政客多半将微笑当衣服穿，少了它就好像赤身裸体。装饰在表面上的老好人式的微笑，是政客、推销员和骗子的专利。当老好人不见得好，真正的好应该是被尊重，是行得正，是不虚伪，是富有爱心和勇于负责；被称赞是好人不见得就好。不时地微笑或摆出老好人的姿态，也不见得能让人相信你，或是吸引别人侧耳倾听你的辩论。微笑不是为了掩饰情感，是因为想笑而笑，因为快乐或想表示友善，或觉得好笑而笑。但绝对不要为了取得对方对你的信任而笑。如果你的笑不符合当时的形势或角色，他们敏锐的触角会立刻察觉。结果你的笑不但无法得到认同，反而将自陷怀疑的泥淖。如果要想要被接纳，只需实话实说。

03
声音中的胜利

声音是我们用于沟通和交流的工具。人的声音能制造出优美的音乐，正如所有的乐器一样。人类的声音演绎的是灵魂的乐曲。所以，我们下次听别人说话的时候，不要只顾听内容，而是要静心地听声音。那么，你就会对说话者有不同的认识。

事实上，声音比遣词用句更能显示出人的境况和特性。这个理论是很容易证明的。如果你对自己说"我是世界上最快乐的人"，并模仿电脑那种没有情感的、缓慢的、每个字都雷同且等距的方式去说。你会发现连自己都无法体会所说话的意义。

大多数人都曾经领略过伟大的布道家或演说家的超凡魅力，并往往被他们鼓动得不知身在何处。伟大的演员能让人感动落泪，高明的喜剧大师会让人捧腹不止。这其中的因由何在？有的人能凭一番话就让听者变成愤怒的暴民，换成另一个人却立刻催人入眠。为什么会这样？究竟什么是领袖魅力？领袖魅力是怎么产生的？如何才能培养领袖魅力？

其实，演说者的魅力，源自心中的能量。说话者如果没有感情，没有内容要传达，就不可能创造超凡的魅力。别人听到的只是没有生命的声音，或是受过训练的机器声音。当演说者的情感以最纯粹的形式传递给听者时，才能产生领袖魅力。领袖魅力不是情感的解释或装饰，而是赤裸裸的情感流露，是将自己最纯粹的内心能量与激情传递给听者。

如果你是一个感情丰富的蓄水池，而此时你正滚水四溅、蒸汽弥漫。那么，你怎样将这池沸水输送给一个空水池？你可以接一条水管，利用虹吸作用将你激昂的情感传递给饥渴的听者，这就是领袖型演说的方式。你将蓄积饱满的情感注入听者的心田，声音与肢体语言就是你的水管。

我们可以将这个过程简化成下面的几个具体步骤：

（1）演说者把沟通的水管插入蓄水池。

（2）打开水管，充沛的能量与情感源源向上，向外涌出。

（3）这股能量流过喉咙，启动声带。

（4）这股能量变换成声音节奏，自然地反映他情感的韵律。

（5）同时使他的身体自然摆动。

（6）他的脸部、臂部和手脚，整个身体都随着自然运动。

（7）从声音与体内迸发的能量进入听者的眼睛与耳朵，顺势流入全体听者构成的蓄水池。

（8）我们由于演说者的魅力而激昂起来，甚至完全改变。

对于同样的演讲，每个听者的反应都是不同的。有的人深受感动，有的人也许毫无反应。但是，毋庸置疑，听了演讲的每个人都会受到影响。你也许不赞同他的话，甚至感到厌恶，但厌恶也是一种感受，可见有魅力的演说者具有难以抗拒的影响力。

这种魅力，就是指演说者的情绪能量转移到听者身上。这完全可以由虹吸作用的原理来理解，读者不妨亲身实验看看。首先找一条短的软水管，在洗脸盆装满水，并在旁边放一个空水桶；然后用嘴含住水管的一端用力吸，一感觉嘴中有水立刻将水管接到水桶里；于是水盆的水便流到水桶里。由此，你可以想象演说者的情绪和能量便是这样转移到听者身上的。

在演讲过程中，如果你已经准备好将情绪转移给听者。那么，请专注你的感受，你必须感觉到对所要进行的辩论你是满怀热情的。情感往往是有进才有出。用心感受你追求正义时不断升腾而上的情感，不管追求的正义是加薪、晋升，还是为你及亲人所受的冤屈讨回公道。

而这些感觉藏在什么地方呢？其实它就在吸水管要伸入的地方，那一池情绪的水塘。现在只等打开开关，让情绪畅快奔流。

[拥有愤怒的声音]

什么是愤怒的声音？这种声音不是气馁或气急败坏。事实上，它是很难表达出来的，即使最伟大的演员在这方面也可能施展不出来。确实，很少人能真切地表达出熊熊怒火不断上涌的感觉。你常常听到的是高频率的尖叫，让人觉得可悲而不是感动。真正的愤怒之声发自灵魂深处，仿佛肺在胸腔内爆裂。掐住脖子让喉头发出可怜的叫声，绝不能称为愤怒。最好还是去仔细听听森林中树木倒塌的声音，听听怒涛拍岸、雷电大作和狼群怒吼的声音。

为什么人不去学狼嚎叫？不是说每个人内心都有一匹狼吗？学狼仰天长嚎，不是喉咙轻轻颤抖，而是深吸一口气然后从胸腔底部用力吐出。你能感觉到肺叶的震颤吗？你能听到那久远的怒吼吗？是月圆之夜，狼群相对长嚎的声音，是古战场的杀敌之声，是祖先留在我们基因里的本能，是从你的灵魂深处，不，是灵魂本身发出的声音，是令闻者动容的声音。

你能感受到这股力量吗？发声时会感到腹部紧绷，好像处于备战状态，横隔膜用力将声音向上向外挤压。这股力量给你什么感受？愤怒时你有什么感受？你能不借助文字表达这些感受吗？

确实，愤怒是无形的，但任何人都不能否认愤怒的存在。的确，自有时间以来，喜怒哀乐便充斥在宇宙间；自有人类以来，喜怒哀乐便随人类一同来到这个世界。

如果你闲来无事，那么，找一段枯树或一块石头坐下。这时你会感到，你已经不像上次那么恐惧，也不再那么在意被陌生人撞见。撞见你的人可能会急急走开，误以为你是疯子而露出惊慌的神色。然而，你并不是为别人而来的，何况这些人多半比你不幸，因为他们很少有机会与树木、石头说话。其实树木和石头都是很善解人意的，通常比你的邻居更有耐心，也较能容忍你对他们发泄怒气。

尽力去唤起你最后一次愤怒的记忆。你还记得愤怒的原因吗？而当你再一次唤起愤怒的记忆时，你是否感到怒火仍然上扬呢？

当你置身自然界的时候，也许你可以试着用声音而不是文字来表达愤怒。你可以肆无忌惮地大吼大叫，任何声音都可以，把树木石头当作发泄的对象。

再古怪的声音也没关系，你只管放肆地喊出来，从胸腔中喊出你新发明的愤怒之声。树木石头会以你从未体验过的耐性默默地倾听。

在这空旷的属于你的空间里，你要相信你有巨大的力量，而全世界都在倾听你自己的声音。

只要你愿意，尽管捶胸顿足，挥舞双臂，击打空气，让愤怒之声越涨越高，感受声气压从腹部而出，冲过声带，飞越山林，投入天空，扩散到整个宇宙。

但在你离开以前，你要在你刚刚发泄过的树木或石头旁边坐下，然后扪心自问：我学到什么了吗？是谁教我的？

要是此刻的你有任何收获，那就是你人生的一点成长，是你从自己的经验、从发掘自我当中慢慢学到的。

总之，感觉是有声音的，感觉在某种意义上和声音是息息相关的。

语言是人们互相传递情感的声音中介，就像电话线一样。语言是不带有任何感情色彩的，是社会制约下的特定声音。它往往不能表达说话者的真正感觉，真相要从音调里去找。

如果你用温柔多情的语调说"我很生气"，那这句话显然无法传达你的情感。我们知道有些人表达愤怒时像读财务报表上的数字，完全不带感情。"嗅——啊！"这种非语言的怒吼却表达得最传神。即使照着电话簿念名字也可以传达各种感觉，重要的是音调！

自由并不总是好的，它有时候也会给人带来痛苦。就好像手臂上打上石膏好几个月，突然有一天拆下石膏，手臂就会变得僵硬乏力，稍一移动都痛苦难当。同样，你的感情可能全隐藏在僵硬的框框中，正待你鼓起勇气走出去。

回忆一件让你非常高兴的事情，然后再次感受那份喜悦。说出一个能够表达这种快乐的字，可能是"啊"或"嗅"，或是其他字，尽管大声说出来。告诉自己：我要用简单的一个字传达喜悦，我要释放我的感觉，并全部放进这个字中。我可以感觉到那个字就要出现，我的情绪饱含在这个字里。

倾听你的声音，愤怒、喜悦、失望和悲伤的声音，倾听感觉的声音。你可以读电话簿，因为里面的内容没有意义，更能凸显声音的力量。你可以尝试用愤怒、喜悦、哀伤、压抑、义愤填膺的语调去读，尝试向大地倾诉你的爱慕之情，它会听见也会了解的。

练习用简单的三个字表达你的愤怒、爱意或悲伤：我存在。

当你说出这三个字的时候，你能感受到人类的祖先说这三个字时捶胸顿足的气愤吗？

你能听出清晨啼叫的公鸡其实是在高喊"我存在"吗？这看似极其简单的三个字可以传达喜怒哀乐，甚至化为你的整个人生哲学。

假如你能用这三个字表达所有情绪，你就是真正地肯定了自我的存在。就像画家需要完整的色彩，因为完整的个人需要全部的感觉光谱。画家不一定每次画画儿都用到所有颜色，但想用的时候必须不能缺少颜料。

日常生活中，我们常常由于各种顾虑而无法完全地表达自己，也往往因此把想法憋在心里，眼睁睁地错失本该属于自己的权力和机会。试问现实生活中的每一个人，你果真有试验你的勇气吗？你果真愿意在试验中学习成长吗？那么找几个朋友一起去吃饭，告诉大家别紧张，你只是要做个小小的实验。你可以先用汤勺敲杯子吸引大家的注意。这个方法很有效。然后，你站到椅子上开始演讲："各位女士先生，我现在要尝试克服怯场的毛病，同时练习表达自己的感受。"朋友可能会觉得你很怪，没有关系，而且餐厅经理出面叫警察以前你已经讲完了。你可以告诉朋友你昨晚看了什么电影，有什么感想；或是讲孩子说了什么有趣的话让你有许多感慨。记住，先让你的话进入感觉，就像你在自己的家里那样做。时间不应超过一分钟，最后谢谢大家能耐心听完，然后再坐下。

很快地，你就会想在办公处所、家里等多种场合做这个练习，以此来验证你所发现的新的力量。于是，你发现平常的对话也开始有了新生命。以前你不太注意自己说话的声音，现在却能敏锐地察觉细微的差异，并不断调整。你注意的不只是情感的表达，还包括节奏、强弱，时而细语，时而沉默，简直就像一场音乐盛会。现在你该知道自己已经有一个感觉的蓄水池了。

感动别人，其实很简单。最重要的就是把你自己的感觉释放出来。真理一定来源于肺腑。否则，任何其他的话语只是漂流在海上的空瓶子，只会污染海滩，破坏景观，最后一无所有。

04
具有魔力的辩论

每个想要一鸣惊人的梦想者都有这样的疑问：如何能在与人交流的过程中开启话题，让滔滔辩论源源而出，结构完整，立论持衡，从而像伟大演说家那样打动亿万人的内心。

事实证明，要想达到上述的境界，就必须具备两大因素：首先就是我们刚才已经提到的充分的准备；其次是鼓起勇气，服从自我的神奇魔力之下。

如何在充分准备的鼓舞下释放辩论的魔力呢？其实，这种事是很难勉强的，就好像有时你越是努力要睡着，越是睡不着。这可不是故弄玄虚，只要当我们想将不了解的事物诉诸理性分析时，自然便会蒙上神秘主义的色彩。

一般来说，每个人都有魔力辩论的潜力，如果再加上充分的准备，那么，我们每一个人随时可以像青蛙跳跃一样轻松自如地释放出来。但如果你抓住一只青蛙，从头到尾解剖开来研究每个部分，你不可能找出促使青蛙跳跃的生命能量。因此你要问的问题不是"青蛙为什么会跳"，而是"我怎样才能让这只小动物跳得那么高"。

想做到上述这点，我们就必须为青蛙提供充足的养分，也就是我们前面谈到的准备工作，但同时也要给它自由。当你面对一群人独自站在讲台上，或坐在老板面前，你就是一只青蛙，只是可能恐惧得不能跳跃，只能发出粗嘎的叫声。

"让青蛙跳出去"，在某种意义上也可以说是代表一种人生哲学。确实，现实中的大部分人都很怕放开手，我自己也总是常常沉浸于过去，以至于无法自拔。我是那样惧怕跌落不可知的深渊而紧紧抓住过去不松手的人。

在同样噩梦不断的夜晚，我梦见自己抓住一根树枝悬吊在断崖边，下面是千尺的峡谷，令人惊恐万分。我心里很清楚自己难以生还，不久便精疲力竭，逐渐下滑。终于，我松开手任自己坠落深谷。这一刻，我突然感觉到前所未有的自由。我知道，我可以尽情享受坠落的快感，一路尖叫着到底。我感受到完全彻底的自由，畅快无可言喻。容我大胆将两种比喻混合为一：作为一只青蛙跳下悬崖，尽情体验放手一搏的痛快！敞开心胸接受生命，放开你的手，用力往下跳！

试问如果你面对一群观众，你准备如何展开你的高谈阔论呢？你准备怎样释放自己呢？这时很像第一次从高台准备跳水，你站在跳水台往下看，只觉胸中痉挛，膝盖开始发抖。你想若无其事地转身走开，假装想起忘了一件重要的事，但是你内心有个微弱的声音鼓励你勇敢往下跳。

总之，要想充分发挥魔力辩论就必须释放自己，就必须挣脱一系列教条的束缚。想象你赤裸地站在那里，让每句话都是从心里而不是脑子出来，说话而不是朗读。这样，魔力辩论就会主动跳跃出来与自我相遇。

为了激发魔力辩论的潜力，为了体验一把魔力辩论，有人建议我们去游泳池练习高台跳水，以此来体验魔力辩论的痛快一跃。曾经有一个学生本来不会游泳，后来不但学会跳水，还因此学会游泳。魔力辩论同理。另一个学生，在大学时就已是跳水好手，因此建议他去尝试其他令他畏惧的活动。后来，他选择了跳伞。我们再看到他时，他很是神采飞扬。他说，他会等到离地面仅千尺时才拉开伞，那坠落的感觉痛快极了。他把这种经验用到辩论上，向对方倾诉他的感受和对获胜的追求。事后他说不记得自己用了哪些词句，因为根本没有有意去遣词造句，只是任连续语句自然地流泻。不管是跳水、跳伞，还是面对观众释放自己，都是一样：直面恐惧，正视恐惧，战胜恐惧。

胜利总是随恐惧而来，因为恐惧总能引发人们为了挣脱而采取的行动。那么，为什么被束缚的心灵追求自由的力量反而更强？挣脱束缚，自由地在森林中行走，尽管朝陌生的路探索，哪怕有许多风险。生命的历程中总会有风险，没有风险的生命之轻是令人难以承受的，枯燥、平淡，比隐藏在森林中的猛兽更可怕。禁锢自我，就像小鸡还没孵出就闷死，来不及活就走向死亡，那才是最可怕的风险。

魔力辩论的神奇之处是，字字句句都是由衷之言，因而能直达听者的内心深处。有时演讲者也会诉诸逻辑，也会发出公平正义的呼声，但最终的目标都是要打动对方。正因为发自内心，魔力辩论所流露的能量、声音、节奏与感动人的力量，总能进入对方的内心深处。

不管怎么样去解释魔力的辩论，其实质和制作面包一样，没有什么神奇之处，其中的成分是大家都熟悉的面粉、牛乳、油、糖、盐和发酵粉。然而，这些普通的东西合在一起，搅拌后放入烤箱，却出来了面包。同理，当我们在准备辩论中将事实、逻辑和热情融合，作出提纲，再加以修改，在迟疑与恐惧中放入法庭，出来的也是奇妙又神秘的新成果。

如果你自己没有迈出第一步的勇气，那么别人教你的只能是纸上谈兵，你永远也不会有真正的体验。事实上，所有人都鼓励你踏出第一步，去体验生命冒险之美！更多人会不厌其烦地告诉你恐惧是正常的，面对恐惧能让你获得自由，让你腾跃而起，解放自我。而我只是恳请你相信魔力辩论，相信你自己。

05
战胜对手

　　所谓强力辩论，是指辩论者有高超的技术，他的辩论结构坚不可摧，表达手法也具有高度说服力。总之，不论对手实力如何，他都能让对手一触即溃。说到强力辩论，不一定要先声夺人或毁灭对手，也可以是轻声细语，温柔动人，充满爱与谅解。你不一定要有马丁·路德·金或罗斯福总统那样的口才，运用最浅显的语言就可以。至于说为什么一定要取胜，那是因为失败太痛苦。

　　任何雄辩都形同战争，有时候这场战争会让失败者付出实际的代价。在听证会、董事会或任何拥有权力的机构里发生的辩论，也都是战争。战争的结果可能改变一块土地的使用方法，可能是扩充飞机场的面积，也可能使原先云雀筑巢的树林被砍掉。战争的结果可能改变社区的规划，温暖的夏夜里老人下棋和孩子游戏的街头空地今后将改为停车场。

　　无论你处于怎样的位置，无论你是谁，在与掌权的决策机构进行辩论时，每个人都必须认识到这是一场战争，战利品最终将全部被胜利者夺去。我们的对手是权力的代表，可能是企业或金钱，我们通常都处于劣势。

　　赢得这样的战争是有难度的，关键在于控制敌人。但我们如何去控制敌人也是有困难的，因为我们根本无法参与对手的决策过程。虽然有时候我们的策略的确可以影响对手的决策，但不能预言他们发动攻击的时间、地点、方法和将采取什么抵抗措施。然而，要赢得战争就一定要掌控局势，掌控自己及我方的军力部署，只要能充分掌控自己就等于控制了战争全局。这绝不是说大话或恫吓人，说大话是缺乏安全感的典型表现，恫吓则是懦弱的一般表现。强者很少恫吓人，因为没有必要这样做。

我们针对的仅仅是一种单一的心态，也就是所谓的只许成功不许失败的心态，这当然也是一种充满创造力与攻击性的心态。这种心态勇于冒险但绝不愚蠢盲动，意在把恐惧看作准备上战场的必要一步。如果各种策略的潜在结果都一样，我们将选择攻击，因为攻击是最好的控制。如果没有明确的策略，同样要选择攻击，因为攻击必然迫使敌人被动应付，从而使我们掌握控制权。攻击可以创造机会，让我们采取更果断明确的策略。当对手攻击时，我们或许必须退却，但绝不可放弃主动权，因为退却只是为了找到更适当的位置去反击。

如何在与决策机构的强力辩论中取得胜利呢？以下的十大要素是一个优秀的辩论者应该注意的。

（1）充分的准备是辩论的首要条件。

在辩论开始之前，你就要做充分的准备直到辩论自然地引出。所谓的准备充分，就是你要熟悉辩论的主题。这种准备工夫与编剧差不多，除了完整叙述整个故事，还必须安排每一个角色，并深入自身的内心世界找到辩论的着力点。

（2）和听者近距离接触，打开听者的心，使其接受你的说辞。当然，首先在于让对方觉得他有权力接受或拒绝你的辩论。

（3）以生动的故事形式呈现辩论。

寓言和比喻是传统的辩论工具，这是因为我们人类天生具有说故事和听故事的能力和兴趣。优秀的电影、连续剧、流行歌曲、歌剧、话剧和电视广告，几乎都是故事形式。

（4）辩论要以事实为根据。

真诚地道出事实的真相最能打动人心。作为一个辩论者，只要你忠实地显露自我，说出内心的真实感受，不讳言内心的恐惧，就能打动人心。强力辩论的真谛就是实话实说，因为真实就是力量。

（5）大胆袒露自己的论点。

所谓的论点就是辩论的主题，也是辩论的灵魂。一切的观点都是要围绕辩论的主题而展开，没有一个很好的主题，或是观点不明确，胜利也就不属于你!

（6）谨防在运用幽默的同时流露出冷嘲热讽。

千万不要出言辱人，因为任何人都不会接受愤世嫉俗、冷嘲热讽或气量狭窄的人。尊重对手可以提升自己辩论的格调，出言狂妄不逊只会自贬身价。一定要记住：尊重是相互的。诚然，幽默是辩论时最具有杀伤力的武器，但是，在做幽默之语时要特别谨慎，如果因为运用幽默而失败那就弄巧成拙了。

（7）紧抓逻辑不放。

在辩论时，一定要让逻辑站在你这一边，要好好利用逻辑。英国人巴特勒就曾说过："逻辑犹如刀剑，终日舞刀弄剑难免伤着自己。"

确实，不是任何逻辑都引领我们发现真理或实现正义。逻辑是严重缺乏创造的生命力。因此，千万不要放弃创意而去迁就逻辑。当然，真正富有创造力的心灵通常会发现逻辑与创意实际上是可以相辅相成的。

（8）攻击是致胜的法宝。

最糟糕的攻击也往往胜过最严密的防守。在辩论时，绝对不能让对手掌握主动权，能攻击时就要大胆出手。只有拳击手才讲究防卫反击的策略，被动反击的人大多数是失败者。世界上伟大的运动员都懂得控制全局，伟大的军事家总是率先发动进攻，并且是持续不断地进攻。掌握主动权是最重要的，绝不可以坐以待毙。

（9）正视自己的弱点。

在辩论中，对手往往以最丑恶的方式揭露你的弱点，那还不如自己先承认比较有利。诚实坦白的作风不但会提升你的信用，也会让对手没有机会抓住你的弱点去大做文章。

（10）客观地认识自己，并发誓只准成功。

一个成功的辩论者应该清楚：傲慢狂妄等于愚蠢。要摆出胜利者的姿态，解放自我，让内在的魔力自然流畅。要相信自己，不要畏惧冒险，勇敢地向前冲。

综上所述，在辩论中要想取胜就要注意诸多原则。那么，我们应该怎么样综合运用上述那些原则呢？假设你从来没有看见过汽车，有一天你看到了一辆汽车，有人告诉你这种机器重达两吨，能以时速100千米以上的速度在路上飞驶，并要求你以100千米的时速操纵这辆汽车。设想你驾车跑在一条狭窄的道路上，对面有许多同样的汽车，以同样的速度朝你迎面而来。如果你的方向盘稍偏一寸，持续一秒，顶多两秒，车子就会冲过中线与对面而来的汽车相撞，结果造成两辆车里全部乘客死亡。还可以设想与你同时在路上相对开车的人，有的醉得几乎不省人事，有的没有开车经验，有的年迈，有的狂躁，有的反应迟钝，有的昏昏欲睡，有的体弱多病，这些人随时都可能出差错。如果是这样，那么还有人胆敢开车上路，你肯定怀疑他们的脑子出了大问题。

引起我们注意的是，这样的人究竟是以什么心态来克服这些似乎无法克服的困难的？而且他们能每天早上安全地开车上班，晚上又能安全回家。看起来，好像每个人在路上发生事故的概率很高，但我们早上出门时却不会想到这些问题，根本不把潜在的伤亡威胁放在心上。我们依旧每天开车上班，认定自己能安全往返。正是这种坚定的心态让我们一次又一次的安全回家。

这样一种胜者的强势心态并非天生就有的，而是经过训练与准备一步步形成的。首先，我们上驾驶训练班，上路练习，可能发生一两次惊险的场面，甚至是小擦碰。这些经验都是学习的好机会。有一天，我们突然感觉自己有把握掌握一切了，这时再开车上路便不是疯狂的举动了。

对这个故事的推断同样适用于强力辩论。在我们进行强力辩论的时候，首先要有充分的准备，对整体形势和辩论的走向了若指掌，当开口时便自然轻车熟路了。熟悉辩论的每个环节，就像开车时知道如何启动、转弯、踩刹车一样。熟知辩论的规则，并且像遵守交通规则一样不逾规，分析前面的交通状况并迅速想出安全越过的方法。同样，我们在开口辩论之前要设计好辩论的策略。

不管在开车的路上还是在辩论中，都有各种角色。我们是公路哑剧的主角，在你的世界里，路上唯一与你相关的是与你相遇的汽车，而你是这个世界的核心。你不允许任何汽车撞到你，因此你每次都能安全到达目的地，能够开车几万千米而安全无事故，确实是奇迹，而这个奇迹完全是由你自己的心态创造出来的。对强力辩论也可以作如是观。

第三章

思辨理论的巧妙运用

01
悖论经典

[一　克里特岛的故事]

美国逻辑学家雷蒙德·斯穆里安曾讲述过他小时候的一次上当经历。有一年的愚人节，他哥哥埃米尔对他说："喂，弟弟，今天是愚人节。你向来没让人骗过，今天我要骗骗你啦！"于是，斯穆里安严阵以待，可是整整等了一天，哥哥一直不动声色。最后妈妈只好要求哥哥来骗骗他。兄弟俩在深夜展开了一场有趣的对话：

埃米尔：这么说，你是盼我骗你吗？

斯穆里安：是啊。

埃米尔：可我没骗吧？

斯穆里安：没有啊。

埃米尔：而你是盼我骗的，对不？

斯穆里安：对啊。

埃米尔：这不得了，我已经把你给骗了！

最终，斯穆里安到底有没有受骗呢？一方面，如果他没有受骗，那么他就没有盼到他所盼的事，由此他就受了骗。埃米尔正是这样认为的。但从另一方面看，如果他受了骗，那么他就明明盼到了他所盼的事，既然如此，又怎么谈得上他受了骗呢？说受骗了其实没受骗，说没受骗却说明他受骗了，到底他受骗了没有？

这也就是逻辑学上的悖论！而这个悖论的奇特之处就在于，你一开始沿着一条看似无懈可击的推理思路往前走，看似步步春风得意，结果却发现自己已陷入四面楚歌的矛盾之中。我们再来看一些悖论：

根据《圣经》和其他文献的记载，公元前6世纪，古希腊的克里特岛上有个名叫伊壁孟德的传奇式人物，他幼年时在一个山洞里睡着了，但他这一觉竟睡了57年，待到他醒来时却发现自己已经成了一个学者，熟谙哲学和医学，成为这个岛上的"先知"。他曾说过这么一句话："所有的克里特岛人都是撒谎者。"这也许是最早而又最简明的悖论，它困扰了人类几千年。这句话是真的吗？如果是真的，那么，伊壁孟德是克里特岛人，他必然说了假话。这是假话吗？如果是假话，那么克里特人就不是撒谎者，而作为克里特岛人的伊壁孟德也必然说了真话。从说谎话可以推出他说真话，从说真话又可以推出他说谎话。到底是真是假？为此，众人给了它一个生动的名字："一步即成的，奇异的循环。"

这个奇特的循环难住了人类许多伟大的头脑，它让人类的思维规则在它面前束手无策。古希腊人也曾为此大伤脑筋，一句话看上去完美无缺，却怎么会既是真话又是假话呢？斯多葛派的克吕西波——一个被第欧根尼认为上帝写逻辑也不会超出他的大逻辑学家——专门写了六篇关于"说谎者悖论"的论文。一位希腊诗人菲勒特斯，他的身体十分瘦弱，鞋中常带着铅以防被大风吹跑。他常常担心自己会因思索这些悖论而过早地丧命，后来也果真为它送了命。

经过人们前仆后继地辛苦钻研，终于，人们发现，这是一个全称判断，断定"所有的克里特岛人都是撒谎者"为假，并不能必然断定所有的克里特人都不是撒谎者，可能只有部分人。这样，如果伊壁孟德不属于这说真话的部分人，那么说谎者悖论就仍然是假的。于是麦加折学派的欧布利德就把它改为："一个人承认自己说谎"或"我说的这句话是谎话"。

就这样，原先的问题就解决了，却也构成了真正的悖论。斯穆里安是否受了骗？伊壁孟德的话是真话还是谎话？人们无法简单做出一个确定的回答，因为这样的理论体现了语言中的自我涉及。

[二 鳄鱼定理]

古希腊哲学家们普遍知道这样一个关于鳄鱼的故事。

从前，一条鳄鱼从一位母亲手中抢走了一个孩子，它问万分悲伤的母亲：

"我会不会吃掉你的孩子？答对了，我就会把孩子不加伤害地还给你。"

母亲："你将会吃掉我的孩子。"

鳄鱼："如果我把孩子交还你，你就说错了。我应该吃掉他。"

母亲："就是你必须交给我。如果你吃掉我的孩了，我就答对了。"

这叫作"鳄鱼的悖论"。鳄鱼的诺言本身并不难解，可与孩子的母亲的回答合在一起，便形成了悖论。令鳄鱼为难的是：交回孩子，母亲的话就说错了，它就可以吃掉孩子；吃掉孩子却又证明母亲的话对了，这又得让它把孩子无伤害地交出来，它唯一的选择就是交还孩子。母亲利用悖论这奇特的自相缠绕的性质救了自己的孩子。

塞万提斯的著名小说《唐吉诃德》中也有这样的悖论。在这部小说中，唐吉诃德的仆人桑乔·潘萨成了一个小岛的统治者，这个小岛有一条奇怪的法律：每个旅游者都必须回答一个问题，如果旅游者回答对了，一切都好办；如果回答错了，他就要被绞死。一天有个旅游者这样回答："我来这里是要被绞死的。"这时，卫兵也和鳄鱼一样慌了神，如果他们不把这个人绞死，他就说错了，就得受绞刑。可是，如果他们绞死他，他就答对了，就不应该绞死他。这又是个悖论。

确实，悖论似乎无所不在。印度梵学者曾声称能预言未来，然而预言未来也会导致一种鳄鱼式的悖论。有一个故事是这样的。一天，梵学者与他的十多岁的女儿苏椰发生争论：

苏椰："你是个大骗子，爸爸。你根本不能预言未来。"

学者："我肯定能。"

苏椰："不，你不能，我就可以证明它。"

（苏椰在一张纸上写了些字，把它折起来，再将它压在水晶球下。）

苏椰："我写了一件事，它在3点钟以前可能发生，也可能不发生。如果你能预言它是发生，还是不发生，在我毕业时你就不用给我买你答应过要给我买的汽车了。这是一张白卡片，如果你认为这件事会发生，就在上面写'是'；如果你认为这件事不会发生，你就写'不'。要是你写错了，你答应现在就买辆汽车给我，不要拖到以后好吗？"

学者："好吧，苏椰，这可是一项约定啊。"

（梵学者在纸片上写了一个字。到了3点钟时，苏椰把水晶球下面的纸拿出来。）

苏椰："在下午3点之前，你将写一个'不'字在卡片上。"

学者："你捉弄了我。我写的是'是'，所以我错了。可是，我要是写'不'在卡片上，我也错了，我根本不可能写对的。"

苏椰："我想要一辆红色的赛车，爸爸，要斗形座的。"

无论写"是"和"不"，梵学者都不可能正确预言，因为女儿苏椰的话已经给他准备了一个悖论的圈套，连接圈套的是一辆红色赛车的代价。

［三　帕斯卡赌注］

17世纪著名的数学家布莱斯·帕斯卡有这样一个有趣的故事，叫作"帕斯卡赌注"。他明确地指出，一个人无法决定他是接受还是拒绝教堂的教义。教义也许是真实的，也可能是骗人的。这有点像抛硬币，两种可能性均等。假定这个人拒绝了教堂的教义，如果教义是骗人的，则他什么也没有损失。可是，如果教义是真实的，那他将会面临在地狱遭受无穷苦难的未来。假定这个人接受了教堂的教义，如果教义是骗人的，他就什么也得不到。可是，如果教义是真实的，他将能进入天堂享受无穷的幸福。由此，帕斯卡确信把宝必须押在教义是真的态度之上。许多宗教徒的心态可能与此有关。

凭借我们日常的经验可知，如果没有充足的理由来证明某事的真伪，我们就会选择对等的概率来判定它的真伪。有外星人吗？教义是真的吗？人们的回答往往是肯定和否定同样可能，凯恩斯在他的名著《概率论》中将其称为"中立原理"。帕斯卡的赌注下得合适吗？也许我们也只能应用"中立原理"，然而"中立原理"往往是很不可靠的，法国天文学家、数学家拉普拉斯就曾以这个原理为基础计算出太阳第二天升起的概率是1/18262141。

而物理学家威廉·纽科姆也制造出一个类似的悖论，叫作"纽科姆悖论"。他设想有一天一个由外层空间来的超级生物欧米加在地球着陆。欧米加搞出一个设备来研究人的大脑。他可以十分准确地预言每一个人在两者择一时会选择哪一个。欧米加用两个大箱子检验了很多人。箱子A是透明的，总是装着1000美元。箱子B不透明，它要么装着100万美元，要么空着。他告诉每一个受试者说："你有两种选择，一种是你拿走两个箱子，可以获得其中的东西。可是，当我预计你这样做时，我就让箱子B空着。你就只能得到1000美元。另一种选择是只拿一个箱子B。如果我预计你这样做时，我就放进箱子B中100万美元，你能得到全部的钱款。

有个男人决定只拿箱子B，他聪明地认为：我已看见欧米加尝试了几百次，每次他都预计对了。凡是拿两只箱子的人，只能得到1000美元。所以我只拿箱子B，就可变成一个百万富翁。然而有个女孩却不同意这种观点，她认为：欧米加已经做完了他的预言，并已离开，箱子不会再变了。如果是空的，它还是空的；如果它是有钱的，它还是有钱。所以我要拿两个箱子，就可以得到里面所有的钱。这件事一定存在问题，但问题究竟出在哪里呢？这种强烈地违反我们直觉的问题——看起来好像是对的，实际上却错了——从广义上说，也是一种令人无所适从的悖论。

[四 自我的悖论]

有一个理发师，他曾经给自己制定了一条看来是极符合常理的店规：他只给村子里自己不刮脸的人刮脸，而且也只给这些人刮脸。理发师自信开店以来他一直在遵守这条店规，然而有一天一个精明的顾客问他这条店规是否同样适用自己时，理发师便陷入了极其困窘的境地。如果他不给自己刮脸，按店规他必须给自己刮脸；如果他给自己刮脸呢？按店规他就不应给自己刮脸。因此，自己不刮脸，按店规该刮；自己刮脸，却违反了自己的店规。这就是著名的"理发师悖论"。自悖论出现以来，人们一直在探求它那奇异的循环之谜。"理发师悖论"给了我们一个启示：当理发师的店规应用于别的村民时，丝毫不会有什么麻烦，而一旦涉及自己，就会造成空前的麻烦。

以上的这个故事显然是有一定道理的。

在古老的亚历山大图书馆同样有这样的悖论。当勤劳的学者卡里马楚斯在埋头编制该馆所藏亚里士多德学派著作的目录时，他无奈地哭了。因为他遇到了一个空前的难题：他把所有的目录分成两大类：第一类专收"自身列入的目录"，即一本目录也收入这本目录自身的目录；第二类是专收"自身不列入的目录"，即该目录里找不到它自己的名目。卡里马楚斯编完了第二类的目录，这本目录就是第二类书目的"总目"。然而这本"总目"该不该收入"总目"呢？如果不列入"总目"，则《总目》不成其为《总目》，而且这正好使它成为一部自身不列入的目录，显然应该列入；可是如果它自身列入的话，那就成为一部"自身列入的目录"，就不能列入《总目》！卡里马楚斯遇到了理发师同样的困难。原因呢，也是一样。

一系列悖论都与"自我涉及"有关。伊壁孟德本想肯定所有的克里特人都是撒谎者，但一用到自己身上就使整句话变得真假难定；骗的寓意和骗的行动在句子中的自相缠绕令斯穆里安困惑不已；店规针对村民和理发师同时兼任的自己时，理发师便进退两难；"不列入自身目录"的总目该不该列入《总目》这样一个简单的问题，使卡里马楚斯悲哀得哭了起来。

[五　悖论之经典运用]

古希腊的智者往往用同一种方法来捉弄别人。他们把一个人的兄弟藏在幕布后面，然后把这个人找来，问他："你认识你的兄弟吗？"这个人回答："当然认识。"然后他们指着幕布说："你知道这里面的人吗？"这个人说："不知道。"幕布掀开，他们就说："这个人正是你的兄弟，你又说认识你兄弟，又不知道你兄弟，可见你这个人极不老实。"

后来，斯多葛学派将它确定为有名的"厄勒克特拉悖论"。这里的厄勒克特拉是英雄奥列斯特的妹妹，奥列斯特远征归来，形貌变化很大，妹妹竟认不出他，虽然她知道奥列斯特是她的哥哥。于是有以下推导：

（1）厄勒克特拉不知道站在她前面的人是她的哥哥；

（2）厄勒克特拉知道奥列斯特是她的哥哥；

（3）站在她面前的人与奥列斯特是同一个人。

根据上面的推论可知，厄勒克特拉其实是既知道又不知道这同一个人是她的哥哥。

这种类型的记载同样见于《幽默笔记》：

张幼于献翼，好为奇诡之行。吴中相国慕其名，特造访焉。至门，一苍头延之中堂，云："相公少坐，主人当即出矣。"有顷，一老人昂藏飘峰，须髯如银，攜短筇，从阶前过，旁若无人。逾时不见幼于出，相国讶之。苍头云："适问从阶前过者，即吾主人也。"相国问何故不相见。答曰："主人谓相公弟欲识其面，今已令识之矣，厌烦见也。"竟不出。

通过上面的故事，我们又可以推断出"吴中相国悖论"。

其实是因为，在我们的语言和所要表达的对象之间，还有另外一种类型，那就是含义。虽然不同的语言其实指的是同一个对象，但是它们的含义不同。不同的含义为我们提供了独特的内涵语境，在内涵语境中，尽管事实所指的对象相同，却不能轻率地互为转换，诸如"知道""了解""认识""相信"等。从这一思想出发，人们系统地创立了内涵逻辑。当然，在仅属于外延的谓词中，我们就不必受这种限制。比如厄勒克特拉打了站在她前面的人，站在她前面的人是她的哥哥。可以说，最终厄勒克特拉打了她的哥哥。

有趣的是，在我们日常语言中，内涵语境与外延的推导常常是不自觉地交织在一起，这也就为上述种种奇怪的辩论提供了土壤。

据记载，在拿破仑第一次复辟的时候，他从厄尔巴岛反攻至巴黎。而对于他的这一反攻过程，巴黎的报纸先后做了如下报道：

消息一： "科西嘉的怪物在儒安港登陆。"

消息二： "吃人魔王向格腊斯前进。"

消息三： "篡位者进入格勒诺布尔。"

消息四： "拿破仑占领里昂。"

消息五： "拿破仑接近枫丹白露。"

消息六： "陛下将于今日抵达自己忠实的巴黎。"

有趣的是，所有这些文章都是在几天内登在同样的报纸上，而且还出于同一个编辑部之手。所有诸如"登陆""前进""进入""占领""接近""抵达"都是外延性的。但是，要使人们得以进行正确的推导，就必须使人知道文中关于拿破仑的种种绰号，否则人们也就无法理解报纸的独特用心。

02

奇论溯源

[一 什么是诡辩]

有这样两个中学生，他们找到教他们希腊文教师的办公室，问道："老师，请问究竟什么叫诡辩呢？"

这位精通希腊文和希腊哲学的老师并没有直接回答这个问题，而是稍稍地考虑了一下，然后说："有两个人到我这里来做客，一个人很干净，另一个很脏。我请这两个人去洗澡。你们想想，他们两个人中谁会去洗呢？""那还用说，当然是那个脏的人。"学生脱口而出。"不对，是干净的人。"老师反驳说，"因为他养成了洗澡的习惯；脏的人认为没什么好洗的。再想想看，是谁洗澡了呢？""干净的人。"两个青年人改口说。"不对，是脏的人，因为他需要洗澡；而干净的人身上干干净净的，不需要洗澡。"教师又反驳说。然后，他再次问道："如此看来，我的客人中谁洗了澡呢？""脏的人！"学生再一次回答。"又错了，当然是两个人都洗了。"教师说，"干净的人有洗澡习惯，而脏的人需要洗澡。怎么样？他们两人到底谁洗澡了呢？""那看来就是两人都洗了。"青年人犹豫不决地回答。"不对，两个人都没洗。"教师解释说，"因为脏的人没有洗澡的习惯，干净的人不需要洗澡。""有道理，但是我们究竟该怎样理解呢？"两个学生不满地说，"您讲的每次都不一样，而又总是对的！"

实际上，"谁会去洗澡"的分辨，涉及两个完全不同的标准，也就是生理要求和心理要求。正是在这一点上，教师一直在两者之间滑动，从没确定下来。诡辩，也就是这样造成的。

鲁迅在《且介亭杂文末编·半夏小集》里写了这样一段对话，而这段对话就是典型的诡辩：

A：B，我们当你是一个可靠的人，所以几种关于革命的事情都没有瞒了你，你怎么竟向敌人告密去了？

B：岂有此理！怎么是告密！我说出来是因为他们问了我呀。

A：你不能推说不知道吗？

B：什么话，我一生没有说过谎，我不是这种靠不住的人！

什么是"可靠的人"，A先生有公认的标准，B先生也另有自己的标准。

[二　心与行的辩论]

毋庸置疑，常辩有常辩的标准。然而，奇辩也同样蕴含着奇特的标准，它也是人们进行合理选择的依据。

有人曾经问古希腊哲学家第欧根尼："你与皇帝的区别是什么？"他答道："皇帝——是自己情欲的奴隶；而我——是它们的主宰。"他的这一论断是以意志力的强弱为标准而发出的。"

袁枚是清代有名的风流才子。他曾经用前人的一句诗"钱塘苏小是乡亲"刻了一枚印章。有一次，一位尚书大人路过金陵，向袁枚索取诗册，袁枚遵命送给了他，并且不经意地盖上了那颗印章。苏小小是个妓女，引为乡亲，这还了得。于是那尚书便对袁枚大加呵责。袁枚开始倒觉得过意不去，便向他道歉。谁知这位大人竟喋喋不休，弄得袁枚索性板起面孔说："你以为这印章不伦不类吗？在今天看来，自然您是一品官，苏小小是低贱的。只怕百年以后，人们还只知有她，却不知有您了。"在座的客人被他说得眉开眼笑。

袁枚的这一论断则是以"百年以后"的知名度为标准。

在《清稗类钞》也记载了一件事：尚书钱文端公陈群，局京时，有举子求见者，必极力赞扬。貌瘦则赞其清华，体肥则赞其福厚，至陋劣短小者，亦必谓其精神充足，事业无穷，各使意而去，一日，送客归，方解衣，子弟问客何人，尚书凝思良久，曰："忘其姓名矣。"子弟曰："大人如是称许，何遽忘之？"尚书笑曰："彼求见者，不过求赞耳；赞之而已，又何必知为谁也。"

确实，来见者何必知为谁，诸举子只求盛赞耳，钱尚书这种独具的准则，也恰恰反映出了僚客们圆滑的官场技艺。

日本古代有两个禅师，一个叫坦山，另一个叫道友。有一天，两人一起外出，正赶上天下大雨，路上十分泥泞。他俩在一个拐弯处遇到一位漂亮的女郎，因为身着绸布衣裳和丝质的衣带而无法跨过那条泥路。

"来吧，姑娘。"坦山说道，然后就把那位女郎抱过了泥路。

道友一路都没有说话，直到天黑后寄宿，他才按捺不住地对坦山说："我们出家人不近女色，特别是年轻貌美的女子，那是很危险的，你为什么要那样做？""什么？那个女人吗？"坦山答道，"我早就把她放下了，你还抱着吗？"

这确实是一个出乎意料的标准：对于女色的重视与否看的是心而不是身。

在中国的《古今笑》中，也记载了二程夫子一件小事，似乎与日本的这一则故事有某种渊源。

据说，二程夫子（即程颢、程颐）去一个大夫家赴宴，在宴会上有舞妓跳舞助兴。此时伊川（程颐）拂衣起，明道（程颢）尽欢而罢。次日，伊川过明道斋中，愠犹未解。明道曰："昨日座中有妓，吾心中却无妓。今日斋中无妓，汝心中却有妓。"伊川自谓不及。

这样的故事，推论起来是很有哲理的。然而，如果倒过来想，事情就麻烦了。有个故事说：

一妙龄少妇与和尚一同渡船，少妇见和尚觑眼贪视，即劈头一掌。和尚忙闭了眼，少妇又是劈头一掌。和尚问："我已闭了眼，怎的还打我？"少妇答："闭眼要比开眼恶，你正在心里想我的好事。"

可想而知，这世俗的事情真的是充满玄机啊！

[三 孔明智骂王朗]

在《三国演义》第九十回中，曹军军师王朗于阵前劝降诸葛亮，而他二人的这番辩论是很精彩的。

王朗曰："久闻公之大私，今幸一会。公既知天命，识时务，何故兴无名之兵？"

孔明曰："吾奉诏讨贼，何谓无名？"

王朗曰："天数有变，神器更易，而归有德之人，此自然之理也。曩自桓、灵以来，黄巾倡乱，天下争横。降至初平、建安之岁，董卓造逆，催、汜继虐；袁术僭号于寿春，袁绍称雄于邺土；刘表占据荆州，吕布虎吞徐郡，盗贼峰起，奸雄鹰扬，社稷有累卵之危，生灵有倒悬之急。我太祖皇帝，扫清六合，席卷八荒；万姓倾心，四方仰德，非以权势取之，实天命所归也。世祖文帝，神文圣武，以膺大统，应天合人，法尧禅舜，处中国以临万邦，岂非天心人意乎？今公蕴大才、抱大器，自欲比于管、乐，何乃强欲逆天理，背人情而行事耶？岂不闻古人云：'顺天者昌，逆天者亡。'今我大魏带甲百万，良将千员。谅腐草之萤光，怎及天心之皓月？公可倒戈卸甲，以礼来降，不失封侯之位。国安民乐，岂不美哉！"

孔明在车上大笑曰："吾以为汉朝大老元臣，必有高论，岂期出此鄙言。吾有一言，诸军静听：昔日桓、灵之世，汉统陵替，宦官酿祸；国乱岁凶，四方扰攘。黄巾之后，董卓、催、汜等接踵而起，迁劫汉帝，残暴生灵。庙堂之上，朽木为官，殿陛之间，禽兽食禄；狼心狗行之辈，滚滚当道，奴颜婢膝之徒，纷纷秉政。以致社稷丘墟，苍生涂炭。吾素知汝所行：世居东海之滨，初举孝廉入仕，理合匡君辅国，安汉兴刘；何期反助逆贼，同谋篡位！罪恶深重，天地不容！天下之人，愿食汝肉！今幸天意不绝炎汉，昭烈皇帝继统西川。吾今奉嗣君之旨，兴师讨贼。汝既为谄谀之臣，只可潜身缩首，苟图衣食；安敢在行伍之前，妄称天数耶！皓首匹夫！苍髯老贼！汝即日将归于九泉之下，何面目见二十四帝乎！老贼速退！可教反臣与吾共决胜负！"

可以说，双方的这场辩论，王朗在辩论开始的时候就选择了"识时务者为俊杰"作为他的辩论方向，目的在于劝降。而诸葛亮则选择用"忠孝"二字来抗辩。王朗本来是汉朝老臣，他举孝廉入仕，但后来却投靠曹魏，这在正统观念看来自然不忠，必为汉贼。所以，孔明的辩锋是异常厉害的。结果，诸葛亮不仅彻底驳倒对方的天变论，而且，由人祸论而延展至伸张讨贼正义。"王朗听罢，气满胸膛，大叫一声，撞死于马下。"通过以上的辩论，我们可以充分看出诸葛亮辩论的犀利和他辩论技艺的高明。

同样，在《三国演义》的第四十四回，诸葛亮的哥哥诸葛瑾受周瑜之托劝说诸葛亮归顺东吴。在他们兄弟俩的对话，也充分地体现了辩论的标准的运用：

瑾泣曰："弟知伯夷、叔齐乎？"

孔明暗思："此必周郎教来说我也。"遂答道："夷、齐，古之圣贤也。"

瑾曰："夷、齐虽至饿死首阳山下，兄弟二人亦在一处。我今日与你同胞共乳，乃各事其主，不能旦暮相聚，视夷、齐之为人，能无愧乎？"

孔明曰："兄所言者，情也；弟所守者，义也。弟与兄皆汉人，今刘皇叔乃汉室之胄，兄若能去东吴，而与弟同事刘皇叔，则上不愧为汉臣，而骨肉又得相聚，此情义两全之策也。不识兄意以为如何？"

从他们对话可以看出，诸葛瑾开始就引用夷齐的故事，本来是想以手足之情劝动孔明，这样的劝说显然不失兄长身份。而孔明则以忠孝之言作答，当然也是名正言顺，情义两全。双方说话都可以说是很得体。

以上的两场辩论，一是对敌人，一是对亲人，诸葛亮都能从容应对，而且总是掌握辩论的主动权。而他在这两次辩论中的成功，都应该归功于他出其不意的标准选择。而且，两场辩论最后都演化为忠孝之辨，这确实是诸葛亮辩论"止乎礼"的高妙之处。

［四　荒唐事中的糊涂语］

孔子本人办事很是认真，而他的弟子却颇有大而化之的风度。据《吕氏春秋·必已篇》记载：

孔子行道而息，马逸，食人之稼，野人取其马。子贡请往说之，毕辞，野人不听。有鄙人始事孔子者，曰："请往说之。"因谓野人曰："子不耕于东海，吾不耕于西海也。吾马何得不食子之禾？"其野人大悦，相谓曰："说亦皆如是其辩也，独如向之人！"解马而与之。

事实上，马车夫所讲的道理是这样的：既然你们不在东海耕田种地我们也不在西海耕田种地，请问，我们的马又怎样能够不吃你们的禾稼呢？这种大而化之的和稀泥，确实算不上什么道理。但却比子贡那一番口若悬河的雄辩要管用得多，而且也更能博得农夫们的喜欢。

世界上的很多事情原本就是难以理论的，以这种看似含混不清的方法来应对，似乎也是一种奇策。但是，倘若把这种方式推向极端，世界就会变成一面哈哈镜了。

《隋唐嘉话》中曾提到：

圣善寺有一座银铸的佛像，被贼截去一只耳朵。白居易信佛，捐三锭银子补了起来，可还赶不上原来的耳朵大。会昌年间，皇帝下令拆毁寺院，指示中贵人去毁掉佛像，收交官内银库。这些人认为这只耳朵是白居易补的，比原来铸的少几十两，就到白居易那里去，索取没有补够的银子。

自古而今，诸如这样荒唐的辩论不胜枚举。

中国古代有个叫周兴的酷吏，冤杀无辜，视人命为儿戏。但是他却颇有道理地说，那些被控告的人，活着时都喊冤枉，一旦被杀了头，就都无声无息，服服帖帖了。他的这番话见于《万宝全书》：

周兴性酷，每法外立刑，人号牛头阿婆。百姓怨谤，兴乃牌榜门判曰：

"被告之人，问皆称枉，斩决之后，咸息无言。"

上海也曾发生过这样一件事。有个人买了一张奖券，兑奖号是89914，用上海话可谐称为"不久就要死"。看到这样的号，那位先生勃然大怒并立刻扔了这张彩票。而他的一位同事却捡了这张彩票。不想数日后开奖：89914竟名列特等。先生懊恼之余向同事索回奖券，同事不与，结果激战一场，一遭重创，几至于死；一人班房，呜呼哀哉。直到这个时候，人们才重新想起那个不吉利的对奖号，竟无一不盛赞老天爷的神机妙算。

03

玄思之辩

[一　天文家的哲理]

在很久前的一个夏夜，也许很多人坐在广场上乘凉。此时的古希腊大哲学家、大文学家泰勒斯也在仰面朝天，慢慢地向广场走来，专心致志地观察天上的星辰。然而，在他的前面有个又大又深的土坑，泰勒斯没有发现它，一脚踩空，掉了下去……

周围的人看见了他的这一举动都哈哈大笑。有人甚至嘲笑他说："你自称能够认识天上的东西，却不知道脚下面是什么，你研究学问得益真大啊，跌进坑里就是你的学问给你带来的好处吧！"这一挖苦又引来一阵笑声。泰勒斯从坑里爬上来，拍了拍身上的土，镇定地回答："只有站得高的人，才有从高处跌进坑里去的权利和自由；没有知识的人，就像本来就躺在土坑里从来没有爬出来过一样，又怎么能从上面跌进坑里去呢？"泰勒斯笑了笑，"明天，会下雨。"果然，第二天真的下雨了。

两千年后，睿智的黑格尔也说过类似的一句话。他说：只有那种永远躺在坑里、从来不仰望高空的人，才不会掉进坑里。

[二　哲学家的笑话]

古希腊著名的辩证法大师赫拉克利特有一句名言："人不能两次踏进同一条河流。"这句话深刻地说明了事物运动发展的思想。

而赫拉克利特有个叫克拉底鲁的学生，他比老师走得更"远"，他指出"人连一次也不能踏进同一条河流"。

他的这句话是什么意思呢？对此，他解释说：我们既然承认一切皆流，一切皆变，那就是说事物任何时候都在发生变化，不可能有一刻的稳定和静止。这就像一条河流，我们刚刚踏进去的一瞬间，它就变成另外的河流了，所以我们一次也不能踏进同一条河流了。

后来，人们问克拉底鲁："河流是这样，那别的东西是不是也这样呢？"

而克拉底鲁则傲慢地说："我是哲学家，哲学家讲的都是世界的普遍性，既然一切皆流，一切皆变，这里说的'一切'当然适用于任何事物。"

人们又问："照你这样说来，那么比如这座房子，是不是马上就变成不是房子而是另外的什么东西，而且这种刚变成的东西马上又会变成别的东西，世界上的东西就是这样变来变去，一刻都不停息呢？"

此时，克拉底鲁不假思索地回答说："从哲学观点来看，这是毫无疑问的。世界上的所有事物正是这样毫不停息地变动着的。"

这时，有人指着克拉底鲁坐的椅子问他："你坐着的是什么？"克拉底鲁随口答道："是椅子。"提问的人马上反击说："不对。按照你刚才理论，你的'是椅子'这句话还没说完，它已经变成不是椅子了。你怎么能说出来你坐的是椅子呢？"

克拉底鲁认为自己被别人戏弄了，然而，他更加顽固地坚持自己的观点。后来，他怕再出洋相，干脆对任何人提的问题，都只是把大拇指摇动一下，意思是说，你问的问题我不能说出来，就像指头的摇动一样，任何事物都是在变化着的，我们对每一个事物都无法认识，因为还没认出来它就变了。我们更不能把事物说出来，因为话还没说完，这个东西已经不存在了。

事实上，克拉底鲁这样一来就由否认事物的相对稳定而导向诡辩。据说当时有一位作家在得知了克拉底鲁的主张后，特意编了一个喜剧并恭请克拉底鲁观看。

这部喜剧中讲道：一位希腊人向朋友借来一笔钱，指天发誓一月以后准还。可到了时间他又不愿还了，因为他把这笔钱交了学费，拜一位老师学哲学。按照老师教的道理，一切都是变化的，人连一次都不能踏进同一条河流，何况从借钱至今已有一个月了，现代的他已不是过去的他了。朋友听了非常气愤，揪住希腊人痛打了一顿。希腊人告到法院，要求赔偿损失和付医药费。在法庭上，朋友供述了事情原委，最后说，"我知道打人是犯法的，但是现在的我并没有打人，而打人时的我又不是现在的我。所以，根据他不还钱给我的同样道理，现在的我是不负任何责任的。"

喜剧演到这里，所有的观众都捧腹大笑。观众中有人认出了坐在观众席上的克拉底鲁，并调侃地说："大家看，那个赖账不还的人交学费拜的老师就是这位克拉底鲁先生！"克拉底鲁惊慌失措，又习惯地伸手摇动大拇指。他的这一举动，更是使所有在场的观众笑得前仰后合。

[三　快慢中的哲理]

古希腊哲学家芝诺以否认事物运动而著称。有一次，别人问他："你说运动是不存在的，难道阿基里斯也是不运动的吗？"这里的阿基里斯就是古代《荷马史诗》中那位善跑的英雄。

芝诺随即回答说："如果你们承认运动，就必定会得出结论：阿基里斯追不上乌龟。……你们看，现在假定乌龟在前面，阿基里斯在后面，相隔距离是一百米。再假设阿基里斯的速度是乌龟的一百倍。就是说，阿基里斯跑一百米，乌龟爬行一米。结果怎样呢？结果只能是这样的：当阿基里斯跑完一百米到了原来乌龟所在的地方时，乌龟已经爬行到阿基里斯前面一米的地方去了；当阿基里斯再跑一米时，乌龟又爬到他前面百分之一米的地方去了。总之，阿基里斯为了赶上乌龟，就一定要先跑到乌龟原来的地方，而这段时间内，乌龟又一定往前爬行了一段距离。所以，阿基里斯永远都只能做到无限地接近乌龟，却赶不上，更不能超过乌龟。你们看，你们承认运动，却得出了跑得最快的追不上爬得最慢的这个荒谬结论。为了避免这种荒谬结论，我们就不应当承认运动。也就是说，运动是没有的。"

芝诺的论证，使人们大为困惑，尽管人人都知道事实上阿基里斯是一定能追上和超过乌龟的，但在道理上却不容易驳倒芝诺的论证。

同样，为了否定运动，芝诺还先后提出过"飞矢不动""运动场"等一系列命题，这些命题的基本手法都是抓住事物的一个方面，加以孤立化和绝对化。这是违反辩证法的。然而，它们对辩证法的发展却产生了深刻的启迪作用。

[四　上帝的存在]

自古以来，证明上帝的存在一直是有神论者最愿为之献身的事业。有些经典的证明至今广为流传。

最早的经院哲学家就用钟表来证明上帝的存在。他们认为世界就像钟表，钟表有构造、有规律，世界也是有构造有规律的。既然钟表有它的制造者，那么世界必定也有其制造者。这个制造者毫无疑问是上帝。这是一个类比的理由。

公元11世纪，坎特伯雷大主教安瑟伦声明了他的"上帝存在的本体论证明"，他说：

"我们的心中有一个上帝的观念，并且确信它是最伟大的实体，要设想任何比它更伟大的实体是不可能的。而且确定无疑的是，一件东西，既然无法设想有任何东西比它更伟大，就决不能仅仅存在于理智中。因为，假定它仅仅存在于理智中，我们就能够设想：存在于现实中是更加伟大的。这就是说，如果上帝仅仅存在于人们的心里面不是现实地存在着，那么它也就不成其为最伟大的实体了。我们既然确信没有任何东西比上帝更伟大，因此毫无疑问，上帝既存在于理智中，也存在于现实中。"

安瑟伦指出，上帝是最伟大的实体。而最伟大的实体就不仅仅存在于理智之中的，还应存在于现实之中，否则它就不是最伟大的。这样的一个循环论证就告诉人们：上帝之所以存在，是因为上帝是存在的。结果这样的证明引起了世界上大多数人的反对，如都兰的僧侣高尼罗曾反驳说：必须把实在的东西和思想中的东西区别开来，即使承认理智中确有所谓最伟大实体的观念，也决不能由此推定它的现实存在。

经院哲学集大成者托马斯·阿奎那曾提出过一个有名的关于上帝存在的"宇宙论证明"。他认为世界上所有事物的运动都必然有一个推动者，而推动者又另有一个推动者。这样循环地证明下去，就会得出最后的结论，那就是推动事物运动的最原始的推动者就是上帝。从可能性和必然性来看，一切个别事物都是一种可能的、偶然的存在，并不是一种必然的存在。但就整个宇宙来看，一定有某种绝对必然的存在，它自身具有自己的必然性，还使其他事物得到它们的必然性，这也只能由上帝来完成。阿奎那从现实事物出发来证明上帝的存在，在手法上显得比较巧妙，但他用来论证上帝存在的论据本身还需要得到证明，这在逻辑上犯了一种"预期理由"的错误。

16世纪，法国哲学家笛卡儿也有一个上帝存在的本体论证明。他先把上帝定义为具备一切性质的某个东西。接着，他得意地告诉人们：按照上帝这个定义，上帝也必定具备存在性，所以，上帝是存在的。以定义来推论，这种方法一般比较可靠。但问题是：上帝的定义是否可靠？光假定上帝的存在，下一个定义，然后再根据这个定义证明上帝的存在，这同样也犯了"循环论证"的错误。

[五　总统的哲学]

美国的第九任总统威廉·亨利·哈里逊出生在一个小镇上。小时候，他是个很文静而且害羞的孩子，人们都把他看作是傻瓜。镇上的人也因此总是戏弄他。他们经常把一枚五分的硬币和一枚一角的硬币扔在他面前，让他任意捡一个。威廉总是捡那个五分的，这样人们就更加嘲弄他。

有一天，一位路人看到他很可怜，便对他说："威廉，难道你不知道一角要比五分多吗？"

"当然知道，"威廉慢慢地回答道，"不过，如果我捡了那一角的，恐怕他们就再也没有兴趣扔钱给我了。"

小威廉可以说是大智若愚，对于捡硬币这样的小事他都处理得如此有心计。而他这样做的关键是因为他多看了一层道理，有独特的思路。

美国历史上伟大的总统林肯也善于运用总统的哲学。有一次，他遇到一个议员。这个议员公然批评林肯总统对敌人的态度："你为什么要试图跟他们做朋友呢？"他质问道，"你应当试图去消灭他们。""我难道不是在消灭我的敌人吗？"林肯温和地说，"当我使他们变成朋友的时候。"

林肯看问题的方法可以说是一种比较有创造性的思维，也正是这种思维使他看得更远。

04

庄子的雄辩哲学

［一 什么是标准］

事实证明，伟大思想的诞生不可能是一帆风顺的，总要经历一番痛苦和磨难。公元前3世纪是中国历史上的战国时期，当时群雄攻逐此起彼伏，构成了一种特有的动荡不安的政治和社会氛围，也孕育了主张无为而治、遁世独立的、有着空前思辩性的庄子哲学。

庄子忍着在大动乱时代人生所遭受的极端无奈和痛苦，把自己所有的理想和抱负都深深地埋藏在心中，从而来建构自己的思想。

无限是庄子关于天地的基本观点。《知北游》中有一段假托是孔子与其弟子冉求的对话，这段对话就充分表达了他的这一观点。

冉求问于仲尼曰："未有天地可知邪？"仲尼曰："可，古犹今也。"

仲尼曰："无古无今，无始无终。""未有子孙而有孙子，可乎？"

仲尼曰："先天地生者物邪？物物者非物。物出不得先物也，犹其有物也，犹其有物也，无已。"

这段辩论十分精彩。问未有天地时是什么样子，答曰："古犹今也"，也就是说古时候世界也像今天一样存在着，没有绝对的开始。冉求不懂，仲尼就进一步解释：古今始终都是相对的，不是绝对的。用我们今天的话说，在发生学的意义上，事物乃至世界的发展是一个无限的系列，任何一环都是继往开来的，既是"父"，又是"子"。

从这种无穷出发，庄子又推导出了自己的"相对论"。他在《秋水》篇中就安排了一个有关"相对论"的故事，从而让洪阔的海神教训了一通望洋兴叹的河神。他还指出："天下之水，莫大于海……而吾未尝以此自多者，自以比形于天地，而受气于阴阳，吾在于天地之间，犹小石小木之在于大山也，方存乎见少，又奚以自多！计四海之在天地之间也，不似礨空之在大泽中乎？计中国之在海内，不似稊米之在太仓乎？……所以若北海之大，也只能说小而不能说大。"河伯听了此论，又问："然则吾大天地而小毫末，可乎？"也就是说：那么我相比较天地为大，秋毫之末为小，可以吗？北海若又加以否定，说："计人之所知，不若其所不知；其生之时，不若未生之时。以其至小求穷其至大之域，是故迷乱而不能自得也。由此观之，又何以知毫末之足以定至细之倪，又何以知天地之足以穷至大之域？"

如果继续推论下去，我们就可以得知，世间众生都会由于认识的不同，而构成许多矛盾。这也正如肯定和否定往往相互排斥。庄子在《齐物论》中写了一群为"朝三暮四"和"朝四暮三"而争论的猴子，"名实未亏而喜怒为用"毫无意义。其实于人而论，万物实是齐一的，没有一个是非评判的标准。比如，民湿寝则要疾偏死，鳅然乎哉？木处则惴栗恂惧，猿猴然乎哉？三者孰知正处？民食刍豢，麋鹿食荐，蝍蛆甘带，鸱鸦耆鼠，四者孰知正味？…毛嫱丽姬，人之所美也；鱼见深入，鸟见高飞，麋鹿见之决骤。四者孰知天下之正色哉？

这里的人、泥鳅、猿猴各有住处，三者中哪一个住处正确呢？人、鹿、蛆、鸱鸦四者吃不同的食物，谁知哪一种是真正的美味呢？世间美女人之所好，但鱼、鸟、鹿见了就逃走，这三者和人哪一个知道真正的美呢？

确实，标准一旦失去，真理也自然会不复存在，一切有目的的活动也就失去了意义，那么剩下的也只有老庄所倡导的无为了。庄子的《在宥篇》就有云将与鸿蒙二者，云将执着而济世，带着强烈的目的性在苦苦追索，心情沉重，惝然若失，他问鸿蒙：

"天气不和，地气郁结，六气不调，四时不节。今我愿合六气之精以育群生，为之奈何？"鸿蒙因为摆脱功利追求的重负，当然不愿考虑这样的问题，说："浮游，不知所求；猖狂，不知所往。游者鞅掌，以观无妄。朕又何知？"

鸿蒙的道理其实很简单，只要目空一切，按照自然本身那样就会上升到至人的境界。鸿蒙的"浮游"是一种自在逍遥于万物之中的自由形态，是摆脱一切牵绊之后的主体，可以有不受尧让天下的高隐许由，也可以有宁愿曳尾途中的普通之龟。

［二 生死论］

在人的一生中，有许许多多的灾祸，而其中最大的灾祸就是死亡。但庄子对死亡却别有一番看法。《养生主》中讲到老子死了，秦失往吊，长号三声便罢。老子的学生责问秦失，既然是老子的好友，怎么这样草草寡情。秦失反过来批评那些痛哭者"是遁天倍情，忘其所受"，他讲老聃之生，是偶然来到人世，应时而生；而偶然离开人世，也是顺理归天。如果一个人真像老子那样得道，生死安于常分，顺于天理，那么也就不会有哀乐之情了。

庄子本人恰巧也经历了一个类似事件。《至乐》篇载：庄子妻死，惠子吊之，庄子则方箕踞鼓盆而歌。惠子曰："与人居，长子、老、身死不哭，亦足矣，又鼓盆而歌，不亦甚乎！"庄子曰："不然。是其始死也，我独何能无慨然！察其始而本无生，非徒无生也而本无形，非徒无形也而本无气。杂乎芒芴之间，变而有气，气变而有形，形变而有生，今又变而之死，是相与为春秋冬夏四时行也。人且偃然寝于巨室，而我噭噭然随而哭之，自以为不通乎命，故止也。"这段辩解极为精彩。庄子认为人之生死，如万物之顺化，是自然之本性，而圣人对万物的自然本性有完全的理解，通过理解抵消情，以理化情，所以无情。但这并不是说他无情，而是通于情、化于情，可以说是不为情所扰乱。斯宾诺莎说："无知的人不仅在各方面都受到外部原因的扰乱，从未享受灵魂真正的和平，而且过着对上帝、对万物似乎一概无知的生活，活着也是受苦，一旦不再受苦了，也就不存在了。另一方面，知识丰富的人，在他有知的范围内，简直可以做到不动心，而且由于理解他自己、上帝、万物都有一定的永恒的必然性，他也就永远存在，永远享受灵魂的和平。"

［三　子非鱼，安知鱼之乐］

颐和园中有座知鱼桥，它的名字就源自于《秋水》篇中庄子与惠子的一段辩论：庄子与惠子结伴游于濠梁之上。庄子曰："儵鱼出游从容，是鱼之乐也。"惠子曰："子非鱼，安知鱼之乐？"庄子曰："子非我，安知我不知鱼之乐？"惠子曰："我非子，固不知子矣。子固非鱼也，子之不知鱼之乐，全矣。"庄子曰："请循其本。子曰：'汝安知鱼乐'云者，既已知吾知之而问我，我知之濠上也矣。"这一段辩论针锋相对，互相发难，颇为有趣。从逻辑理性的层面上看是惠子咄咄逼人：我不是你，所以不知你；同理，你不是鱼，所以也不知鱼。这是非常厉害的逻辑类推，立时将庄子逼上了死角，只有靠诡辩来反击。然而问题也不这么简单。庄子所代表的是浑然物化的自然精神，惠子所代表的是析名剖根的理智精神。庄子初谓鱼儿从容，这实是某种物我相一之中冥悟，而惠子对此不能理解，便把这一判断加以理智解析，追问庄子判断与被判断之间的因果关系。庄子不得不回归到理智中来，对惠子加以反问。但顺着这条路，并不能解答惠子的问题，所以当惠子再一次反问"子非鱼"的推断时，庄子又从理智之中抽回身来，"请循其本"，清理此问题最初呈现的情景。他说"子曰：'汝安知鱼乐'云者，既已知吾知之而问我"，这是诡辩，不是"循其本"的本，"循其本"的本是在"我知之濠上"一语中。

从上面他们的辩论之中，我们就可以看到理性的力量，同样也能充分地体会到庄子思想境界的闪光。

[四 有用与无用]

庄子认为，人的精神状态得到自由解放的象征，就是从现实的实用观念中得到解脱，丧失一般意义上的"用"，最终达到"无用"的境界。然而，这里的"无用"并不是我们平常所说的无用，而是"无用之用"。

《逍遥游》中有一段庄子与惠子关于大瓠瓜无用的辩论就非常精彩地论述了"用"与"无用"的辩证关系。

惠子谓庄子曰："魏王贻我大瓠之种，我树之成而实五石。以盛水浆，其坚不能自举也。剖之以为瓢，则瓠落无所容。非不呺然大也，吾为其无用而掊之。"

在惠子看来，瓠是大而无用的。这是因为他只注重事物的实用价值。而庄子却说："夫子固拙于用大矣。"你这是以自己心中之用而言用，而不是就大瓠之用而言之。"今子有五石之瓠，何不虑以为大樽而浮乎江湖，而忧其瓠落无所容？则夫子犹有蓬之心也去！"因其用而用之，物各有所用。这可以说是他们辩论的第一回合。

第二个回合，惠子以大樗树为例，认为樗树虽大，但却长相丝毫不合规矩，所以放在路上，匠人连看也不看。"大而无用，众所同去也"。但庄子却反问说，大樗之用，又何必求诸匠人。"今子有大树，患其无用，何不树之于无何有之乡，广莫之野，彷徨乎无为其侧，逍遥乎寝卧其下。不夭斤斧，物无害者。无所可用，安所困苦哉。"以"无用"竞争于人世利害的角逐场上，那么无用倒真的是无用。但是就精神上来说，人世之用却进入不了安宁的"无何有之乡，广莫之野"。如果将人世视为无用的，"树之于无何有之乡，广莫之野"，也就是说在一片真正的宁静之中过着平静的生活，那么人世之无用岂不正有了大用吗？

同样，庄子在《人世间》中也讲到一棵很大的栎社树。他说这棵树是不材之木，一无所用，所以匠人不砍它。栎社树于是托梦对匠人说："予求无所可用久矣。几死，乃今得之，为予大用。使予也而有用，且得有此大也邪？"庄子最后总结说："人皆知有用之用，而莫知无用之用也。"他在《山木》篇又具体分析了这个道理：庄子行于山中，见大木枝叶盛茂，伐木者止其傍而不取也，问其故，曰："无所可用。"庄子曰："此木以不材得终天年。"由此可见事物自身的辩证关系以及庄子别具的慧眼。

不过，庄子又遇到了新的问题：

夫子出于山，舍于故人之家。故人喜，命竖子杀雁而烹之。竖子请曰："其一能鸣，其一不能鸣，请奚杀？"主人曰："杀不能鸣者。"明日，弟子问于庄子曰："昨日山中之木，以不材得终其天年；今主人之雁，以不材死。先生将何处？"庄子笑曰："周将处乎材与不材之间。材与不材之间，似之，而非也，故杀免于累。若夫乘道德而浮游而不然。无誉无訾，一龙一蛇，与时俱化，而无肯专为；一上一下，以和为量，浮游乎万物之祖；物物而不物于物，则胡可得而累邪！"无用虽可全身以为大用，但无用终只是手段，仅仅保持这种手段仍很难彻底应付各种变化。所以它所揭示的意义，就在于必须从一个新的高度看待事物。

以上一些庄子的思想充分地揭示了庄子的一个观点，那就是如果我们能超越现实世界，能否定一切，我们的人生自然就会变得很轻松了。

05
中国古代之玄思妙辩

[一 孔融之辩]

据说孔融是孔子二十世孙。《世说新语》中就记载：孔文举年十岁，随父到洛。时李元礼有盛名，为司隶校尉。诣门者，皆俊才请称及中表亲戚乃通。文举至门，谓吏曰："我是李府君亲。"既通，前坐。元礼问曰："君与仆有何亲？"对曰："昔先君仲尼与君先人伯阳有师资之尊，是仆与君奕世为通好也。"孔融与李元礼攀亲，正是机智地抓住了历史上记载孔子曾问礼于老子之事，老子姓李名耳，故为李氏之祖，融以此谓通世之好，足见其机智善辩。后来太中大夫陈韪也来了，座中有人将此事告知，陈韪甚不以为然，讲："小时了了，大未必佳。"意谓小时候聪明，长大了未必有成就。于是融闻之，接口就说："想君小时，必当了了。"意谓：如此说，你小的时候一定很聪明。陈韪听后，窘迫不堪。孔融之辩，不唯机智，还在于能抓住契机，以其人之道还治其人之身。

[二 阮籍之语]

《晋书》记载：阮籍"为大将军从事中郎，有司言有子杀母者，籍曰：嘻！杀父乃可，至杀母乎？"意谓：杀自己父亲尚且说得过去，怎么竟杀起母亲来了。阮籍此说，有悖人伦，自然是当时礼法名教所不容许的，所以"坐者怪其失言。帝曰：'杀父，天下之极恶，而以为可乎？'籍曰：'禽兽知母而不知父，杀父，禽兽之类也；杀母，禽兽不若。'众乃悦服。"

众所周知，魏晋名士很喜欢出语惊人。而阮籍更是藐视礼法，再加上他善于辩论，所以他说的话往往与礼法相抵牾。正如《晋书》的记载，他先说杀父乃可，已是奇语惊人，以致满座为之动容，但自己却从容不迫。等到司马昭追问，这才进一步以禽兽但知其母而不知其父为辩，反称杀母者禽兽不如，此处已是暗换前提。可见，在阮籍的辩论中是有很多技巧和玄机的。

[三 钟嵇之论]

嵇康是魏晋名士的领袖，而他的风范更是冠绝群伦。钟会也是当时著名的才辩之士，而且他很仰慕嵇康的风范。《世说新语》曾记载了这样一个故事：

钟士季精有才理，先不识嵇康，钟要于时贤俊之士，俱往寻康。康方大树下锻，向子期为佐鼓排。康扬槌不辍，旁若无人，移时不交一言。钟起去，康曰："何所闻而来？何所见而去？"钟曰："闻所闻而来，见所见而去。"

这段记载不但表现了钟会之善辩，并且还可见魏晋风流重意轻言、寄言出意之精神。钟会率时贤名流往寻嵇康，而嵇康却自在打铁，旁若无人，久无一言。这正体现了他崇尚自然、从容不迫的禀性。待钟会默立良久方要离去，他这才问"何所闻而来？何所见而去"，钟会的回答奇妙无比，不直说，重在于意会，所谓"闻所闻而来，见所见而去"，既不卑不亢，得体自若，又显出自己超然有所悟的境界，深得玄妙。可以说，在这次比试中，二人未见胜负，各有佳处。

[四 钟毓、钟会兄弟]

钟毓是钟会的哥哥，他们都是魏晋南北朝时的名士。兄弟俩从小就很聪颖。据《世说新语》记载：钟毓钟会少有令誉，年十三，魏文帝闻之，语其父

钟繇曰："可令二子来！"于是敕见。毓面有汗，帝曰："卿面何以汗？"毓
对曰："战战惶惶，汗出如浆。"复问会："卿何以不汗？"对曰："战战栗
栗，汗不敢出。"这样的善于应对，一时传为佳话。以十余岁小儿，初见皇
帝，况魏文帝曹丕又负有文名，所以诚惶诚恐在所难免。但以小小兄弟，于对
答之中，既见善辩之才，又恰到好处地奉承了皇帝，这是十分难得的。

又如："钟毓兄弟小时，值父昼寝，因共偷服药酒。其父时觉，且托寐
以观之。毓拜而后饮，会饮而不拜。既而问毓何以拜，毓曰："酒以成礼，
不敢不拜。"又问会何以不拜，会曰："偷本非礼，所以不拜。"这是从两
个不同的角度引导出的行为，而其辩说也是基于不同的理论基础。钟毓从酒
为供奉礼品角度作辩，故拜是理所当然；钟会则从偷为非礼行为解释，所以
不拜也是情之所允。从中我们可以知道，不同前提的假设，必然会导致不同
的论证结果。

［五　邓艾之才］

邓艾是三国时的名将，他曾担任征西大将军，率师伐蜀。平蜀后官进太
尉。但是，邓艾从小口吃，在与人交流时常常结巴。《世说新语》载：

邓艾口吃，语称"艾艾"。晋文王戏之曰："卿云'艾艾'，定是几
艾？"对曰："凤兮凤兮，故是一凤。"

这是说邓艾因为结巴，对人自称时，总是把自己的名字"艾"念作'艾
艾'，故司马昭开玩笑问他到底是几个艾。邓艾的回答绝妙已极，并未正面作
答，而是以孔子来自比。相传楚狂人接舆，善养性情，好游名山，曾遇孔子而
歌曰："凤兮凤兮，何德之衰！往者不可谏，来者犹可追。"意在劝说孔子，
世道衰微，不必执着于恢复礼乐世界的梦想。邓艾的这一回答，既见其机智巧
妙，又深含了一种以俊贤自比的自负，真是妙话奇辩，令人叹赏。

[六　小儿两次辩日]

东晋的皇帝，大多无所作为，但却聪明善辩，这在《裴子语林》和《世说新语》中都有记载。晋明帝司马绍就很聪明机灵，早在他还是几岁小儿时，就常坐在父亲晋元帝司马睿膝上玩。一天恰遇有人从长安来拜见元帝。其时晋室已丧失了北方疆域，但偏安江南，元帝感念故国，便向来人打听西晋都城洛阳的消息，询问之间，禁不住潸然泪下。明帝在旁甚是奇怪，父亲怎么突然间会伤心泪下，问旁边大臣，大臣详细告知西晋洛阳为刘曜攻占，迁都长安后，又为其所陷，怀、愍二帝先后被俘，元帝乃东渡江南建立政权这一事件。

这时，思念故国的元帝想从小儿口中得到一点预兆，就问明帝："汝意谓长安何如日远？"即：是长安远呢还是太阳远？明帝回答："日远。不闻人从日边来，居然可知。"意谓：只听说有人从长安来，却没听说有人从日边来，所以日远。元帝听后很高兴，这是个好兆头，同时又很惊奇小儿的回答。第二天，他召集群臣宴会，将此事告知诸人，并重新以此问明帝。不料这次明帝却回答："日近。"元帝听后，大惊失色，问："你为什么讲的和昨天不同？"回答道："举目见日，不见长安。"意谓，抬起头来便可看到太阳，但却看不到长安，所以讲太阳比长安近。明帝此辩，前后殊异，但其机巧自如，回答从容，亦可称妙语奇出。

06

禅辩机锋

禅辩，是禅宗辩论的一种特有形式。它的奇特之处在于这种辩论是反逻辑的，甚至是"不立文字"的。所谓"以心见性，心外无佛"，它否定常情常理，致力去发掘一个超乎常理的佛性天地。

据说，当年释迦牟尼在灵山大法会上讲法，拈花示众。但众信徒中，只有迦叶尊者领悟了佛祖的真谛，得受佛法与衣钵，自然迦叶尊者也就成了禅宗的开山祖师。这种"以心传心"的禅宗的第二十八代祖师就是开创中国禅宗的菩提达摩。

传说，达摩得道后就来中国大力宣扬佛法。他先从海路千里迢迢到达广州，再到金陵，见到了梁武帝萧衍。当时，萧衍问达摩："朕即位以来，造寺写经，度僧不可胜纪，有何功德？"达摩回答说："并无功德。"武帝问："何以无功德？"达摩说："此但人天小果，有漏之因，如影随形，虽有非实。"武帝问："如何是真功德？"达摩说："净智妙圆，体自空寂，如是功德，不以世求。"武帝问："如何是圣谛第一义？"达摩说："廓然无圣。"武帝问："对朕者谁？"达摩说："不识。"梁武帝至此仍不领悟。达摩祖师"知机不契"，几天以后，独自一人乘一苇叶渡江北去，到嵩山住下来，据说在那里面壁打坐九年，连小鸟在肩上筑窝都没有觉察。

领悟和理解达摩与梁武帝的对论并不是件轻松的事情。我们先从中跳出来，从对思维方式的思考角度来谈这个问题。我们总是通过一定的概念、判断、推理来思考问题，这些既定的思维方式本身已经是一种规定，而任何一种规定总是带有相对性，肯定的同时就是否定。这样，我们所领悟了的世界，乃是一个通过限定而呈现的世界，是不完全的。举个例子，宇宙中存在着各种各样的电磁波，包括从波长小于几微米的宇宙射线到波长达上千米的无线电波，我们人眼所见的，却是其中仅仅很小的一部分，即波长420到700毫微米之间的电磁波。这就构成了我们全部的美学世界，是可幸还是可怜呢？不说别的，倘若我们的人眼能够看得见X光，那么选美的标准会不会加上一些骨骼粗细、心脏大小等"内在美"的因素呢？诚未可知！如果说，人的感官的相对性对人类而言还是具有普遍性的，那么，人们所创造的各种各样的文化观念、思维方式则更要相对得多。一方面，我们只能够通过一定的思维方式去把握世界；另一方面，我们又必须意识到这样一些方法本身又是相对的。禅宗的高明和困难就在这里。正是因为看到了文字所造成的限制和"污染"，佛家便主张"以心传心"，"不立文字"，不破不立，破字当头，打破人们对既定思维方式的固执。佛经认为一切生命皆有佛性，佛性不是外在给予的，而是自觉"身心寂灭"后达到的清净。犹如金矿炼金，黄金本在金矿之中。将一切杂念"放下"，直至连"放下"也"放下"，这便是禅宗的开导原则。所以，禅宗无一定之法，一切有为法，皆为相对。"金屑虽贵，落眼成翳"，修禅犹如内布施，内在一切统统施舍掉，"空亦须空"，如此一路破下去，吹尽浮沙，真金乃现。所以达摩对于梁武帝的"造寺写经，度僧不可胜纪"很是不以为然。那些只是外在的形式，本心未曾开悟。他也试着再给个机会。当梁武帝问到"如何是圣谛第一义"时，达摩便答以"廓然无圣"。

这就是所谓的禅的机锋。当梁武帝问"圣谛第一义"时，他是坚持对概念语言的追求。面对这种情形，达摩只能给了他一个不合逻辑、不合日常经验的回答，把他逼到逻辑的尽头，给他一个从全新的角度省悟这个问题的机会，并达到开悟的目的。但梁武帝对此仍摸不着头脑，因此，他按自己以前的思路问"对朕者谁"。达摩也给他更为"荒谬"的回答："不识。"如果说，梁武帝在得到这个令人瞠目结舌的回答后，猛然想到：怎么自己对自己也会说"不识"？啊，对哇！佛性是梵我合一的，不能用概念、语言表达，因此，当人说

"我是某某"时,他已处在主客分离的理性逻辑世界中,这与佛性的追求是背道而驰的。自己的佛性已经被日常的语言概念所蒙蔽,这样一来,他就会幡然醒悟,并达到对佛性智慧的妙悟境界,这也正是达摩试用机锋的目的。可是达摩的禅机失败了,"知机不契",大失所望,几日后只得独自悄悄地渡江北去,到嵩山面壁坐禅去了。

达摩走了,本土的和尚傅大士来了,又给了梁武帝一个机会。

《指月录》曾经记载,梁武帝请傅大士讲金刚经,大士才升座,以尺挥案一下,便下座。帝悍然。圣师曰:"陛下还会么?"曰:"不会。"圣师曰:"大士讲经竟。"

这是什么意思呢?其实和上面的故事是一个道理。这是说:礼佛解脱的过程,本身是高度智慧的切身体验,必须真参实证,不能仅仅依靠外在的逻辑论证。讲经是没有用的,佛经只是诸佛解脱境界,了悟"缘起性空"的摹写,不是解脱境界本身,一如以手指月,手指非月。不讲经的时候,经的道理本来就在那儿,一讲,反而挂一漏万。岂止,以喻为本,更使人陷于妄执之中。傅大士是何等人物,他把人生颠倒参了个透。所谓"空手把锄头,步行骑水牛。人从桥下过,桥流水不流"。只有空了手,才拿得锄头,只有走路的人,才想骑水牛,那时还没有汽车。而所谓上下和动静,也不过是人的概念的分隔。这首颠倒偈子便是傅大士写的,就是要人不要执妄。所以请他讲经,最好的方法就是不讲。

[六祖慧能]

据传,当年的禅宗五祖弘忍有十大弟子,而资历最高的是大弟子神秀。他修炼多年,有为弘忍洗脚的资格,并被弘忍"引之并坐"。有一天弘忍宣称要选择法嗣,叫门徒各抒己见,写成偈供他挑选。神秀自恃才高,首先写了一偈:"身是菩提树,心如明镜台。时时勤拂拭,勿使惹尘埃。"谁知弘忍看了之后不很满意。

这时，只在寺里舂了八个月米的没文化的慧能却自告奋勇地叫人代笔写了一偈："菩提本无树，明镜亦非台。本来无一物，何处惹尘埃？"有力地驳斥了神秀，并又作了一偈："心是菩提树，身为明镜台。明镜本清静，何处染尘埃。"弘忍看了这两首偈大为吃惊，决定选慧能为他的法嗣人。

这就是有名的法偈之辩。也正是这件事情引起了长达十六年的大追杀、大逃亡，同时也产生了禅宗发展史上的六祖"革命"，真正创立了中国禅宗。

在神秀的偈中，他仍然延续《楞伽经》中的某些思想，佛性是永远清纯的，讲究所谓的"不生不灭，不垢不净，不增不减。""心是明镜台"，但是，他们人生与世俗的生活使人蒙受了苦难与烦恼，它们时时使人心的佛慧处在无明的蒙昧之中，因此要"时时勤拂拭"，要打坐参禅，经过戒（节制）、定（收敛心性的弹定）的渐收过程，达到大彻大悟的涅槃新生（慧）。只有如此，人们才能永远处于佛慧的朗照之中。在神秀这一偈中，形象地表明了佛教传统的基本精神与解脱方法。

慧能对于佛法则有了全新的诠释，他认为即心即佛，人的本心就是一切，也就是所谓的"自心是佛，更莫狐疑，外无一物而可建立，皆是本心生万种法。"因此，本心是天生清净的，谈不上尘埃的污染，只要直指本心，便能顿悟成佛，这就是"心是菩提树，身为明镜台。明镜本清静，何处染尘埃"的意思。他把以往由"戒、定、慧"的渐修方法一笔勾销。至于"菩提本无树，明镜亦非台"，菩提与明镜，都是佛性的另一种说法，它们就不是一种有形的物体。"本来无一物，"只要不固执这些观念，怎么还会有尘埃沾染，要人们去"时时勤拂拭"呢？在破斥人们的语词、概念和形式所造成的相对局限上，慧能走到了彻底的地步。慧能的这种暗含机锋的辩论方式，在他的另一则有名的禅话中同样表达得十分出色。

又一次，慧能到了广州的法性寺，听见印宗法师的几个弟子在辩论寺庙前的旗幅为什么会动。一个僧徒说：旗幅是无情之物，是风吹了它才动。另一个僧徒说：风也是无情之物，为什么风又会动？又一个僧徒说：风与幡两相和合，所以就动了起来。还有一个僧徒说：实际上旗幡并没有动，这是风自己在动。慧能听到这里，他忍不住挺身而出说：既非风动，也非幡动，是你们的心在动。这话使主持辩论的印宗法师大吃一惊，一打听才知道他是有名的禅宗衣钵继承人，连忙迎进寺内，拜为尊师。由此慧能势力大增，渐渐地就公开提出禅宗"六祖"，并设立禅宗的南宗。

显然，慧能这个辩论中的答语是违背常理的，但慧能却因此而声名大震，原因在哪里呢？其实在慧能的眼中，旗幡与风都是无情之物，而人心是佛性。当人们问起旗幡与风谁在动时，人们是用主客分离的理性眼光来看问题的，他认为这时人们已落入物质功利的世界，人的佛性已被掩盖了，人们只有远离这种理性的角度，从佛性角度去打量它们，那么幡与风的外形之动才会消失。它们何时动过呢？这就是慧能所说的人心自动。

慧能所倡导的即心即佛的顿悟派禅宗，给人心的解脱提供了更为广阔的天地，禅辩也以此找到了更为广大的表现舞台。

第四章

辩论中
经典语言的发挥

01
语境的使用

　　金农是"扬州八怪"之一。有一天，有个附庸风雅的富商设宴请客，并推金农为首座。席间有人提议以古人诗句中"飞""红"二字作酒令。当轮到富商时，他苦苦思索，也想不出一句诗来。众人正要罚他酒时，富商突然说："有了，柳絮飞来片片红。"大家哄堂大笑，认为违反生活情理。金农站起来说："这是元朝人咏平山党的诗句，没什么可笑的。"接着就念出全诗："廿四桥边廿四风，凭栏犹忆旧江东。夕阳返照桃花渡，柳絮飞来片片红。"人皆赞叹此好诗，其实这是金农为富商解围而随口编出的。这件事就记载在清人牛应之的《雨窗消息录》一书中。

　　事实上，"柳絮飞来片片红"原先是个假判断，柳絮总是白的，但是，因为处在"夕阳返照桃花渡"的特殊语言环境之中，反倒成为绝妙的写真。同一句话，处在不同的语境之中，真假妙俗的区别就是这么大。

　　同理，中国古代根本就不知道有黑天鹅，但纪晓岚偏偏要咏黑天鹅，大多数人都认为这是很奇怪的现象。然而，诗中的"只应觅食归来晚，误入羲之洗墨池"两句却使全诗变假为真。纪晓岚和金农其实都是改变了句子所处的语境。

　　这样的巧改语境，不仅能使语句由假变真，亦可由丑变美、由贬为褒，从而制造出奇妙的效果。而这样的例子在古今中外都为数不少。

　　在明治时代，日本东京住着两位性情相对的导师。一位是真言宗的上师云升，他谨守佛戒，丝毫不犯，不但从不饮酒，而且过午不食。另一位为禅宗的坦山，身为帝国大学的哲学教授，从不遵守戒规，要吃便吃，要睡便睡，而且不分早晚。

有一天，云升去拜访坦山，见坦山正在喝酒。而身为佛教徒，照理应该是滴酒不沾的。"哎，兄弟，"坦山高兴地说，"要不要来上一杯？""我从来不喝！"云升严肃地叫道。"连酒都不喝的人不是人。"坦山说道。"你因为我不沉湎于毒液而故意骂我不是人。"云升气愤地叫道，"请问我不是人是什么呢？""是一尊佛。"坦山答道。可见，坦山回答的巧妙。

还有一个故事发生在我国湖南。湖南浏阳南邦寺死了个老和尚，有人请当地的一位老先生写挽联，说："南邦寺死个和尚"。只见老先生随手写下：南邦寺死个和尚。

那人吃惊地说："我讲的是句话，又不是对子，您怎么就写上了呢？"老先生不慌不忙地说："勿急，请看下联。"于是下联为：天竺国添一如来。

这一事例，可以说是改变语境的绝妙例子。既可化贬斥为赞颂，反过来，亦可化赞颂为贬斥，其思维方式可谓妙趣横生啊。

明末的重臣洪承畴，颇受崇祯帝赏识，官至蓟辽总督，因而对皇上感恩不尽。他素以"忠""节"自命，特意在厅堂的正中，亲自撰书一联：君恩深似海；臣节重如山。后来，他在松山与清兵作战时被俘，屈膝投降，时人在他这副对联的末尾分别加上字，变成：恩深似海矣！臣节重如山乎？两个虚字一添，使联语蕴含无限讥讽和鄙弃之意，真所谓妙笔生花。

清代有一县令，他以贪污臭名远扬。一年正月初一，他在衙门口贴了一副春联：爱民若子；执法如山。人们看了，不禁哑然失笑。不久，有人在每句下面各添几个字，春联成为：爱民若子，金子银子皆吾子也；执法如山，钱山靠山为其山乎！对联被这样一改，就入木三分地揭露出了这位贪官的丑恶嘴脸。

1924年5月，孙中山先生在广州筹办了著名的黄埔军校，而当时的共产党人也为军校的建立出了不少力。周恩来、叶剑英、恽代英、萧楚女、聂荣臻等同志在军校工作，开设了政治教育课。头几期的黄埔军校，为中国革命培养了一大批政治和军事骨干力量。校门口的一副对联，基本上反映了该校的面貌：升官发财，请走别路；贪生怕死，莫入此门。1927年，蒋介石发动"四一二"反革命政变后，黄埔军校中的共产党人被迫纷纷离去，军校的性质起了变化。黄埔军校成了某些人升官发财的"终南捷径"。有人巧妙地将军校大门上的那副对联改为：升官发财，莫走别路；贪生怕死，请入此门。其中这"请""莫"二字一颠倒，准确地表现了军校性质的根本变化，人们看后，无不点头称是。

上面的三副对联，或感叹变、或续意变、或能愿变。可以说，语言环境一变，就顿时妙趣横生。

解缙是明代著名的才子。有一天，皇帝对他说："卿家，人人都说你很聪明。今天我叫左丞相说一句真话，叫右丞相说一句假话，只准你加一个字，把两句话连成另一句假话，行吗？"解缙连称"遵旨"。

于是，左丞相就直言道："皇上坐在龙庭上。"右丞相却说了句假话："老鼠捉猫。"这风马牛不相及的两句话，大臣都担心解缙难以连成一句假话。

但解缙应声答道："皇帝坐在龙庭上看老鼠捉猫。"这显然是天大的假话。然而，皇帝还不肯罢休，改口道："还是那两句话，你用一个字把它连成一句真话。"解缙随即答道："皇上坐在龙庭上讲老鼠捉猫。"这次他说出的是真话。

解缙的先后两联，前者构成了纯外延性的可客观判明的真假判断，后者则是对内涵性的模态判断，也就是说，只要皇帝愿意无论讲什么都可以。

02
字的妙用

绍兴自古以来就出师爷。绍兴的师爷可以说是当地的特产，他们个个能言善辩，文字工夫厉害，往往借一个字而大做文章。

有一年，江苏阳澄湖口发现一具浮尸。地方照例要向官府呈报"阳澄湖口发现浮尸"。这件事被住在阳澄湖口岸的几户老百姓知道了，大家很不满意。因为官府知道是这里出的人命案，就要验尸追查，惹麻烦。后来，他们去请教师爷。他叫人把里报单拿来一看，灵机一动，拿起笔，蘸蘸墨，在呈报单的"口"字当中，加上一竖，改成"阳澄湖中发现浮尸"。偌大的阳澄湖发现浮尸，这同住在湖口岸的老百姓就不相干了。大家看了，个个拍手叫好。结果什么麻烦也没有。

有一个叫东乡的地方，当地有个横行乡里的老色鬼毛浩。一次，他在企图行奸时，被农妇杀死，县里的案卷上写着"用柴刀劈死"这样的字样。

县里的师爷得知实情，决心救出农妇。他将案卷拿到房里，思考再三，忽然心头一亮，欣喜若狂，忙关上房门，拿起笔来将"用柴刀劈死"的"用"字轻轻一钩，改成"甩"字："用刀劈死"是故意杀人，要一命抵一命；可"甩刀"就不一定致对方死命，只是甩得不巧，失手劈死，属误伤致命。更何况毛浩还有强奸未遂等情节。果然，县官看了讼状，从宽处理了农妇。

历史上，南宋偏安一隅，引起了众多爱国文人和艺术家的愤慨。著名的山水画家马远，所作的画往往只要山水一角，"或峭峰直上而不见其顶，或绝壁直下而不见其脚"，人们因此称他为"马一角"。他之所以只顾"残山剩水"，用意在讽刺小朝廷的苟且偷安，以寄托其爱国的感情。同朝的著名花鸟画家郑所南善画墨笔兰花，南宋亡后，他所作的墨兰，从此不着土地。有人问他为什么，他答："难道你还不知道吗？土地已被番人夺占，叫我的兰花长在哪里呢？"

马远和郑所南的这些忧世之言，颇受后人崇敬，同时也不乏效法之人。其中就有东北军阀张作霖。

有一次，张作霖应日本人邀请去出席酒会。在酒会上，这位东北"土皇帝"派头十足，威风凛凛，使在场的日本人大为不快。日本人设计要当众羞辱张作霖，以发泄他们内心的积懑。

酒会场上，飘红流绿，人头攒动。酒过三巡，一个日本名流离席而去。不一会儿，他捧来笔墨纸张，定要张作霖当众赏幅字画。他以为张作霖是"土包子"，斗大字不识一箩筐，定然会当众出丑。不料，张作霖接过纸笔，竟不推辞。写完过后，冷笑两声，掷笔而去，旁若无人地坐回自己的席位。众人齐看纸上写的是"虎"字，落款为"张作霖手黑"。

张作霖的秘书凑近张作霖小声说："大帅，您的落款'手墨'的'墨'字下面少了个'土'，成了'黑'字了。"张作霖听了，两眼一瞪，大声骂道："妈了个巴子，你懂个屁！谁不知道在'黑'字下面加个'土'字念'墨'？我这是写给日本人的，不能带'土'，这叫'寸土不让'！"在场的日本人听了，个个张口结舌。由此可见，张作霖的爱国和他对字的巧妙运用。

湖南湘潭的王闿运，以学问渊深、才华纵横闻名，是中国近代有名的大学问家。据说，他痛感辛亥革命之后的混乱局面，写过一副著名的对联："民犹此也，国犹此也，何分南北；总而言之，统而言之，不是东西。"细心的人一看便知，这副对联其实是说：民国何分南北，总统不是东西。袁世凯企图拉拢他，为自己的窃国擅权制造舆论，此举更激起王老先生的反感。老先生在京的日子，袁世凯几乎天天派人随同他赏玩。有一天，这些人陪同他逛到故宫前面的"新华门"，王闿运故意装成老眼昏花，用惊叹的口吻说："这里怎么改名成了'新莽门'啊？"老先生故意犯一小错误，实则暗将袁氏窃国与王莽篡汉相比较。此事传开后，人人都明白了老先生的真心所在。果然，王闿运最终拒绝了袁世凯的拉拢。

　　一个字看似很不起眼，有时力量也是极其强大的，其往往能够微言大义，制造出奇妙的效果。

03
一句话的几种说法

1796年，拿破仑被任命为意大利方面军总司令。在整顿这支从装备到纪律都一塌糊涂的部队时，身材矮小的拿破仑仰头看着个子很高的奥热罗说："将军，你的个子高出我一头，但假如你不听我指挥的话，我就会马上消除这个差别。"而正是拿破仑的这句话使部队中激烈的争吵顿时平息了下来。

同样的意思，可以用不同的语言表达，这就是逻辑上的一义多辞。而在传播学和语言学的意义上，所谓用不同语辞所表达的同一种意义，其实也因不同的加工而各有不同的风味。这样语言表达的多种可能选择的存在，使辩论者可以得心应手地将自己的意思以最为妥帖的方式传递出来。它既满足了不同社会交往的需要，也绝妙地发挥了语言的作用。

古希腊的苏格拉底能言善辩。有一次，一个年轻人向苏格拉底请教演讲术，他为了表示自己有个好口才，滔滔不绝地讲了许多话。

苏格拉底却要求他缴纳双倍的学费。

那年轻人惊诧地问道："为什么要我加倍呢？"

苏格拉底说："因为我得教你两样功课，一是怎样闭嘴，另外才是怎样演讲。"

年轻人终于明白，他要交的另一份学费该派什么用场。苏格拉底的批评可谓含蓄而又深刻。

美国第一任总统华盛顿一生中都很守时。每当他举行宴会时，他总是希望被邀者准时出席。一次，一位议员迟到了，他发现每个人都已经坐在了餐桌旁。华盛顿对他说："我们这里的人必须准时出席，我的厨师从来不问客人到齐了没有，只问时间到了没有。"

议员非常感激华盛顿的批评，因为它保住了自己的面子。

确实，华盛顿的批评是委婉的。然而，门捷列夫的批评就不那么客气了。据《门捷列夫传》记载，有一天，一个熟人到门捷列夫家串门，他喋喋不休地讲个不停。最后，这个客人问道："我使你感到厌烦了吗？""不，没有……你说到哪去了，"门捷列夫回答说，"请讲吧，继续讲吧，你并不妨碍我，我在想自己的事……"

这是真正的科学家的语言，是客气，又毫不客气。

在我们的日常辩论中，有时也会出现这种使辩论者和听众都感到尴尬的情景。然而，处理这一情景方式不同，产生的效果也截然不同。

有一次，幽默家兼钢琴家波奇在美国密执安州福林特城演奏，发现全场座位空了一半，他很失望。于是他走到台前，对听众说："福林特这个城市的人一定都很有钱，我看到你们每个人都买了两三个座的票。"风趣的语言将台上台下的尴尬气氛一扫而净。于是，在坐不满的大厅里，充满了笑声。音乐会就在和谐的气氛中开始了……

在我国，谢肇淛的《五杂俎》记录了这样一个故事。

王安石做宰相时，大讲天下水利。有人想讨好他，献了一条计策："假如把梁山泊的水都放出，就可以多出八百里土地。移海造田，是个一本万利的事啊！"

王安石很高兴，想了想，便问道："好是好，可是这么多水往哪里放呢？"当时喜欢说笑话的刘贡父就坐在旁边，说："可以在梁山泊旁边另挖一个八百里的大池子，水就有地方放了。"

浮白斋主人在《雅谑》中，讲述了一件苏东坡的趣事。

一天，苏东坡到邻居家吃饭，盘中有四只黄雀，主人一连吃了三只，剩下一只，他恭恭敬敬地请苏东坡："请吃，请吃。"苏东坡笑着说："还是你吃了吧，省得它们拆了对。"

有一个大学生，他在第一次陪外宾赴宴就遇到了麻烦。"这是什么？"外宾指着盆里的菜问道，那是两个剥了壳的鸡蛋，经过厨师的艺术处理，几乎如同凤凰蛋一般。偏偏鸡蛋这个词怎么也想不起来，于是他灵机一动，笑答："这是公鸡夫人的孩子。"语毕，会聚一桌的外宾不由鼓起掌来。正是多辞一义救了他。

当然，这样的多辞一义也有令人困惑的时候。有位美国朋友访问了中国后，就对翻译说："你们的中国太奇妙了，尤其是文字方面。比如'中国队大胜美国'是说中国队胜了；而'中国队大败美国队'，又是说中国队胜了。总之，胜利永远属于你们。"

这说的也是多辞一义的现象，然而，不同情况下的多辞一义造成的效果是截然不同的。

幽默与笑话一直是人们精神生活的一部分，而这些日常生活中的幽默正是借多辞一义的方法而创作出来的。这样的例子在生活中也是屡见不鲜的。

有一对夫妇，他们一起去参观美术展览，当他们面对一张仅以几片树叶遮掩羞部的裸体女像油画时，丈夫顿时张口注目地盯着那幅画，并且久久不肯离去。妻子狠狠地揪住丈夫吼道："喂！你是想站到秋天，待树叶落下才甘心吗？"

这位妻子真可谓怒而不俗，骂得精彩啊！

还有一位格林夫人，她的两岁的儿子总是烦她。一次，她忍无可忍地吼道："不准再叫妈妈，否则，我要揍扁你。"

身后安静了下来，过了一会，又传来怯生生的声音："格林夫人，可以给我喝口水吗？"

儿子的无知无畏恰恰造成了绝妙的表达效果。

有一个农民和学校的老师见面了。他们之间有这样的对话：

农民："我要教育我的儿子！免得他成为愚人。"

老师："你做得很对，但每月要交十里拉。"

农民："这笔钱数目不小，我可以买头小毛驴了。"

老师："如果你买了驴子，而不教育儿子，家里就有两头毛驴了。"

这位老师婉转的讽刺和教育，也同样达到了妙趣横生的效果。

04
典故在辩论中的巧用

典故往往很具有辩论意义，究其原因，一是它有着鲜明的形象性，其历久而不失生动，久经考验；二是典故中的道理为人所公知共认，具有很高的权威性。因此，在雄辩中用典故说理，常有良好的效果。

历史上，南朝梁的陈伯之，背叛梁武帝，投靠北魏。梁武帝派萧宏北伐，和陈伯之对峙在洛口。萧宏叫秘书丘迟写信给陈伯之，请他返正归来，中间有几句话：

"末路涉血於友于，张绣刺刃於爱子，汉主不以为疑，魏君待之若旧。况将军无昔人之罪，而勋重于当世。"

他引用刘秀不计较朱鲔谋害他哥哥刘演，曹操不寻究张绣杀死他儿子曹昂的故事，说明梁武帝决不追查陈伯之的过往，并希望他能安心归来。陈伯之看信后果然返正归来。可见这封信或者说是这几句话起了重要作用。

《唐诗记事》的卷十六中记载，宁王李宪看见卖饼人的妻子美丽动人，就强娶为妾，而且对这个贫家女子宠爱有加。过了一年多，宁王问她："你还怀念饼师吗？"她点点头。宁王就召卖饼师进府，让他们见面。饼师妻面对故夫，泪流满颊，凄惨欲绝。这时有十余位文士在座，都很感动，宁王就叫他们作诗记下这件事。王维首先完成，诗云：

"莫以今时宠，难忘旧日恩。看花满眼泪，不共楚王言。"

宁王看了这首诗后，立即把她送还给了饼师，让他们团圆。王维这首诗，题名《息夫人》。原来春秋时，楚文王灭了息国，娶了息侯的夫人为妻，息夫人归楚，生了堵敖和楚成王，但始终默默无言。楚文王问她为什么不说话，息夫人说："一个女人侍候两个丈夫既不能死，还有什么可说的？"王维用这个典故，把饼师妻比作息夫人，显出女人的坚贞可敬。难怪宁王深受感动，让他和故夫重聚。这也是用典的好处。

毛主席也喜欢在诗文中用典，他以"农夫和蛇"的故事阐明不应该怜悯像蛇一样的恶人；用"愚公移山"的挖山不止的精神，号召人民推翻封建统治；用"宜将剩勇追穷寇，不可沽名学霸王"告诫人们要将革命进行到底。这些以典类推都有着很强的辩论性和说服力，直到今天仍然还是有意义的。

1935年，在巴黎大学的博士论文答辩现场，法国主考人向年轻的中国学者陆侃如提出一个奇怪的问题：《孔雀东南飞》这首诗里，为什么不说孔雀西北飞？陆侃如先生应声而答："西北有高楼！"主考官本是歪问，陆侃如却回答得妙趣横生。因为《古诗十九首》里有这样的诗句："西北有高楼，上与浮云齐。"陆侃的意思是，西北方向有高耸入云的高楼阻挡，孔雀飞不过去，只好向东南方向飞去了。

这就是奇妙的引经据典。实质上，要想引用自然就必须注意涵义的准确性及说明问题的充分性，与原文不相一致是不允许的。但是，因为许多的辩论本身带有随意性，故而，任意的引用有时竟也能产生亦庄亦谐、雅趣化俗的新奇效果。如三国时秦宓智答吴使，天头天尾天姓都能引得头头是道，令众人大为叹服。

古往今来，不管是在现实生活中，还是在文学作品中，奇妙的引用处处可见、不胜枚举。

摩门教是基督教的一个派别，这一教派主张一夫多妻制。一次，马克·吐温与一位摩门教徒就一夫多妻问题展开争论。教徒说："你能在《圣经》中找到一句禁止一夫多妻制的话吗？""当然可以，"马克·吐温说，"《马太福音》第六章第二十四节说：'谁也不许侍奉二主。'"这是马克·吐温巧妙地引用了《圣经》。

清代黄图班在《看山阁闲笔》中写道：

一天，客人问主人："我听说，居住的地方不能没有竹子，你的住处怎么没有竹子呢？"主人说："我胸中有竹，不必再种了。"

客人十分奇怪，问："你胸中怎么会有竹子呢？"主人说："你没听说过吗？前人有一首诗说：'料得清贫馋太守，渭川千亩在胸中。'这不是胸中有竹子吗？"客人大笑说："那说的是笋。"主人说："这就对了，没有笋，哪来竹子。"有这样的妙对是因为主人恰到好处地引用了前人的诗句，同时也使自己表现出了洒脱的风度。

1945年5月4日，云南大学的师生们在操场上举行一个纪念活动。到场人数十分多，情绪也分外热烈。可就在大会要开始的时候，天下起毛毛雨来，许多人争着找地方避雨，人多地方小，人群拥挤起来。主持会议的同学连声要求大家安静，效果不大。眼看着场上秩序维持不下，大会主席团请闻一多出来鼓鼓士气，他便站起来，向正在朝四面移动的人群说道：

"同学们，我给你们大家讲一个故事。两千多年以前，周武王决定起义，去打倒暴君纣王。就在出兵那一天，像我们现在一样，忽然下起雨来了。许多人都觉得这很不吉利，建议武王改期。这时候管占卜的，就算是当参谋的人吧，出来了，他说这不是坏事，这是'天洗兵'，是老天爷帮我们的忙，把兵器上的灰尘，都洗得干干净净的，打击敌人就更加有力啦。我们今天也是碰上了这样的机会，这是天洗兵！不怯懦的人回来，走近来，勇敢的人站过来！"

听了闻一多先生的话，骚动不安的人群重新又安静下来，四散的人群也重新聚集起来了。一则简单的历史典故，竟然在群众集会上发挥了如此意想不到的作用，实在是不多见的。但认真分析一下，事情也绝非偶然。"五四运动"正是高高扬起了民主与科学大旗，彻底地反帝反封建。这是一场正义的和必胜的进军，而爱国学生们又正是这场伟大进军的前卫师，"天洗兵"的典故，切情、切景、切义，能产生奇特的征服力量也就一点也不奇怪了。

05

语论雕虫

[一　卿本佳人，奈何做贼]

据说，清代的江南一带有一个姓李的讼师，他专门替人打官司。一次，一个恶棍闯进邻居家，见邻家病妇卧床不起，便揭开被头，将病妇手上的金镯持去。病妇呼救，适其夫回来，将恶棍扭送官府。这恶棍平日明抢暗夺，民愤极大，邻居们都决心趁机除掉这个祸害。在诉讼状中确定其罪状是"揭被勒镯"，又怕不够分量，便去请教姓李的讼师。讼师询问了事情经过，又看了看状子，仔细一推敲，说："这样写，恐怕不保险。如果将'揭被勒镯'改为'勒镯揭被'，你们的愿望才能达到。"众人当时不解。状子一递上去，果然判了这个恶棍重刑。

事实上，这个"揭被勒镯"是个联言判断。联言判断一般都把意义的重点放在后一个判断上，"揭被勒镯"的重点在"勒镯"，恶棍揭被是为了勒镯，罪行自然不重。但"勒镯揭被"则说明恶棍不仅勒镯，而且还揭被，重点在"揭被"，恶棍就要判重刑了。

1938年，汪精卫公然叛国并投靠了日本人。一时间，来自各方的声讨电文沸沸扬扬。但是，汪精卫对这些各方的批评却只是笑笑而已，他曾指出："我不入地狱，谁入地狱？"而且他仍然标榜自己当年革命时的丰功伟绩。唯有一电文，内有八字：卿本佳人，奈何做贼，汪见而为之注目良久，精神大挫。因为八字虽也纵论今昔，重点却在下句，一扬而又一贬，不啻否定了他的"青史"，而且更加严厉地批评了他背叛革命的无耻行为。所以，汪精卫对这一电文最是恨之入骨。

联言判断前后次序的变换不仅可以救人，还可以杀人。1949年9月，国民党在大陆的统治行将崩溃，然而，特务们却还在昆明展开了大搜捕，逮捕了九十多名爱国人士。国民党云南省主席卢汉当时正准备起义，决心营救这批爱国志士，就急电蒋介石陈说利害，请求宽恕他们。但蒋介石却回电："情有可原，罪无可赦。"卢汉接到命令后极其为难：遵命杀了革命志士就对不起全国人民，抗命却又会暴露自己起义的目的，使尚未准备就绪的起义流产。他找到云南讲武堂的老师李根源商量对策。李根源沉吟之后，提议把两句话互换位置，然后再把它交给在云南的国民党特务。特务一见"罪无可赦，情有可原"的命令，便放掉了这批革命志士。"情有可原，罪无可赦"意思是这批人虽然情有可原，但罪行是不可逃避的，言下之意是杀掉他们，而"罪无可赦，情有可原"却表示虽然罪行不能逃避，却是情有可原的，言下之意是释放他们。这样互换次序之后意思正好相反。蒋介石得知昆明放走了革命志士后大发雷重，可特务却拿出他自己的"电令"来，蒋介石也无可奈何，只得作罢。因为他既无法排除自己颠倒次序的可能性，又无法排除机要人员记错了自己口授电文的可能性。

清末名臣曾国藩也曾用这种手法使自己渡过难关。据说，当年他带领湘军同太平军打仗，可总是打一仗败一仗，特别是鄱阳湖口一战，自己的老命也险些送掉。他不得不上疏皇上表示自责之意，其中有一句是"臣屡战屡败，请求处罚。"有个幕僚建议他把"屡战屡败"改为"屡败屡战"。这一改果然成效显著，皇上不仅没有责备他屡打败仗，反而还表扬了他。"屡战屡败"强调每次战斗都失败，成了常败将军；"屡败屡战"却强调自己对皇上的忠心和作战勇气，虽败亦荣。

[二　马克·吐温的讽刺]

马克·吐温作品中高明的讽刺艺术给每个读者都留下了深刻的印象。而且，不管在现实中还是在作品中，他的讽刺可以说是无处不在。就在他发表了著名的长篇小说《镀金时代》后，在一次酒宴上，记者采访了他。马克·吐温在答记者问中曾这样说：

美国国会中有些议员是狗娘子养的。

记者将此言公诸报端，傲慢的华盛顿议员们极为愤怒，纷纷要求马克·吐温澄清或道歉，否则将绳之以法。吃了一辈子法律之苦的马克·吐温答应登报道歉。几天后的《纽约时报》上果然出现了马克·吐温向联邦议员的"道歉启事"：

日前鄙人在酒席上发言，说"美国国会中有些议员是狗娘子养的"。事后有人向我兴师动众，我考虑再三，觉得此语不恰当，而且也不符合事实。故特此登报声明，把我的话修改如下："美国国会中有些议员不是狗娘子养的。"

表面上看来，"有些议员不是狗娘子养的"是否定"有些议员是狗娘子养的"，但从逻辑的角度看，这两个同一素材的特称判断其实并不矛盾，作为不反对关系它们可以同真。这也就是说，马克·吐温只是巧妙地玩弄了一个逻辑游戏，他虽然"考虑再三"，却丝毫没有道歉，而且由于日常语言的模糊性，"有些议员不是狗娘子养的"，本身似乎就意殊着仍然"有些议员是狗娘子养的"。

由于马克·吐温的"道歉"，"狗娘子"议员的绰号反倒传遍了全国，可见他讽刺艺术之高明。

[三 歌德的辩护]

凭借《少年维特之烦恼》一书而享誉世界的德国大诗人歌德，年轻的时候曾经当过一段时间的律师，然而他的律师生涯却是以失败告终的。据《歌德传》记载，歌德当律师不久，就有人请他出庭辩护。这位血气方刚的律师一走上法庭，就发表了一通"带有一股热情的行吟诗人气味"的演说：啊，如果喋喋不休和自负竟能预先决定明智的法院的判决，而大胆和愚蠢竟能推翻已经得到证明的真理！简直很难相信，对方居然敢向你提出这样的文件，它们不过是无限的仇恨和最下流的谩骂热情下的产物。啊，在最无耻的谎言、最不知节制的仇恨和最肮脏的诽谤中的角逐受孕的丑陋而发育不全的低能儿……

当这段"绝妙"的辩护词遭到对方律师的反驳时，歌德更是义愤填膺地说：我不能再继续我的发言；我不能用类似这种渎神的话玷污自己的嘴……对这样的对手还能指望什么呢……需要一种超人的力量，才能使生下来就瞎眼的人复明，而制止住疯子的疯狂。

在法庭的辩护中，歌德得心应手地调动起了自己的文学才华，把辩护词组织得像诗一样优美动听，然而歌德没有注意到法庭辩论首先要注重法庭的庄严气氛。语言应该准确、凝练，否则随意发挥，过度渲染，即使高明如歌德那样的诗人也难免不失败的。

由此可见，不同专业有着不同的辩论风格。

法庭上有法庭语言，外交上也有自己独特的语言，因为它的严正、含蓄的特性而被人称为"外交辞令"。谁都知道，外交事件的突发性和复杂性使外交家们在很多场合中不愿明确自己的态度，试图为以后的事态发展留有回旋的余地。诸如"对……表示关切""我们注意到了××事态的发展"这些字眼具有极大的伸缩性，很难捉摸到隐藏在这些语言背后的真实意图。不过这些"外交辞令"如果应用到家庭内政，那又是另一番情景了，我们不妨来看一对夫妻的吵架实录。

晚饭后，丈夫照例丢开饭碗并悠闲地靠在沙发上欣赏电视节目，妻子在也抑制不住对丈夫的反感，便毫不客气地发话了。

妻：听着，我对你越来越不感兴趣了！

夫：我告诉你，这个问题我已经注意到了。

妻：你既然注意到了，为什么我行我素，不考虑由此引起的严重后果？

夫：对我不感兴趣没有什么了不起，我不会回避你感兴趣的问题！

妻：（有些伤感）我发现，我们之间寻求不到多少共同点了。

夫：我们完全可以求大同存小异，相互做出必要的让步。

妻：我作的让步还少吗？告诉你，我的忍耐是有限度的！

夫：可你今天是故意制造事端，根本没有搞好夫妻关系的诚意！

妻：事端？诚意？哼，你不做出让步，我想我们是到了解决实质性问题的时候了！

夫：谈判的大门始终是敞开着的！

在旁观者的眼中，这对夫妻拌嘴的确是很有意思的事。而这对夫妻在拌嘴或吵架过程中对外交辞汇的掌握和运用之润熟，简直到了令人惊奇的地步。妻子"不感兴趣"的是什么？丈夫"注意到"的又是什么？由此步步升级，双方竟稀里糊涂地走到了"谈判的大门"，这或许可以称为"外交辞令"的"内政效应"吧。

第五章

雄辩技巧

01
巧设比喻

有一个关于惠施的故事，讲的是：有人到魏王面前进谗言："惠施说话爱用喻证，假使不让他用，他就什么事情都说不清楚。"

第二天，魏王看见惠施说："请你以后说话直截了当，不要用什么喻证。"

惠施说："现在有个人不知道'弹'是怎样一种东西，如果他问你：'弹'的形状是怎样的？而你告诉他：'弹'的形状就像'弹'。他能听得明白吗？"

魏王摇摇头："听不明白。"

"对呀，"惠子说，"如果你告诉他：'弹'的形状像把弓，它的弦用竹子做成，是一种弹射工具。他听得明白吗？"

魏王点点头："可以明白。"

"所以，喻证的作用，就是用别人已经知道的事物来启发他，使他易于了解还不知道的事物。现在，你叫我不用喻证，那怎能行呢？"

魏王想了想说："你说得很对。"

魏王的本意希望惠施直言而无"譬"，但惠施却用"譬"的方法使魏王信服了"譬"的重要性。

这里所说的"譬"就相当于我们今天的喻证法，包含类比与比喻，所谓"同类类比，异类比喻"。它们的共同性质是说明而非证明。在数目上，比喻一般表现为两个事物有某种相似或神似；类比则表现为两类事物有一系列的相似或相同，或从中再推出另一性质也相似。喻证包含了这个由一到多的整个系列，它也是我们在日常表达中用得最多的辩论方法。

孟子是古代有名的雄辩家。他所处的时代可以说是中国历史上少有的乱世。当时，诸侯争霸、礼崩乐坏。然而，孟子却讲求性善，提倡王道，可想而知，这种思想在那个社会推行是多么难。但孟子长于辩论，善于设譬，以牛山之木，麰麦之播，说明生性本善，人人相同；以戕杞柳以为桮棬，搏水可使过颡，说明矫揉造作都不是人类的本性，使众人信服，告子莫辩；以五十步笑百步说明魏君的好战戕民，与邻国同；以挟泰山超北海，为长者折枝，说明齐王不王天下，是不为，非不能；以大旱望云霓说明人民盼望仁君；以缘木求鱼说明不能以征战取天下。化抽象为具体，取近事作譬，滔滔不绝，侃侃而谈。梁惠王、齐宣王虽然限于形势，不曾实行他的理论，但也说了"寡人愿安承教"，"我虽不敏，请尝试之"的话，究竟被说动了几分。有人统计了薄薄的《孟子》一书，发现这位古代著名的雄辩家以喻证方法论述问题，竟达61次之多。

不仅仅是孟子，我国古代的辩论家都是很重视喻证的。孔子说"能近取譬"，荀子说"以人度人，以情度情"，韩非说"同类相推，异类比喻"，及至墨家提出七种推理方式：或、效、假、譬、体、援、推（见《墨子·小取》）。据专家考证：七种推理中，譬、体、援、推四种均属喻证法的范畴。

纵观西方国家，丘吉尔可以说是近代西方能言善辩的国家领导人之一。在第二次世界大战最艰难的时刻，丘吉尔的坚决抗辩使美国同意提供援助，也阻止了希特勒实施海上侵略计划。"丘吉尔动员了英国语言并将它投入了战斗"，以此捍卫了他的国家的独立。丘吉尔明确认为，辩论、交际最有用的工具就是喻证。他极为欣赏德端主教的一句话："一个强大的民族可能同一个贞洁女子一样，不易将自己的特权交付给别人。"他把绥靖主义者比作"给鳄鱼喂食，希望它最后才吃自己的人"，把杜勒斯比作"一头身背瓷器柜的公牛"，无不精彩绝伦，入木三分。

东汉著名的雄辩家王充也曾经指出："何以为辩，喻深以浅；何以为智，喻难以易。"纵观中外古今的奇辩史，用王充的这句话来涵盖喻证的意义，可以说是再合适不过了。

[二 大学评议会，不是洗澡堂]

春秋时期，齐景公曾一度被一群阿谀拍马的大臣包围着。而且，景公自己也感到很"相和"。

而当时齐国的名臣晏子则劝景公疏远他们。晏子说："那些人只是和你相同，怎么能是相和呢？"

景公很奇怪。

晏子就进一步解释说："'相和'，好像做羹汤一样，用水、火、醋、肉酱、咸盐、酸梅等，来烹饪鱼肉，用柴去烧，厨师去调和，用五味去调剂，补充味道不够之处，或冲淡滋味过浓之处。而后吃它，才能可心。君臣之间的关系也应这样。君王认为适宜的政事，其中也会有不适当之处，为臣的提出来，就可使之完美；君王认为不当的事，也有适当之处，为臣的提出这适当之处，就可以改正不正之处。"他告诉景公，那班人不过"君以为可，他也说可；君以为不可，他也说不可。好像用水去调剂水，谁会爱喝这种淡而无味的羹汤呢？"

晏子以做羹喻"相和"，以兑水喻"相同"，可以说是别致新颖，并以之类推君臣之道，针对性也极强，景公听了，连声夸赞讲得好。

确实，当我们在日常的交谈或辩论中遇到复杂的论证或说不明白的问题时，一个好的喻证就能恰到好处地将它内在的神韵传递出来，这也就是喻证的妙处。历史上，庄子以"索我于鲍鱼之肆"喻证远水难救近渴；范续以刀之锋利与刀刃的关系喻证"形存则神存，形谢则神灭"的道理，这些喻证都可以说是妥当新颖，别有神韵。

恰当传神的喻证如果被用于自辩，也能产生绝佳的效果。古希腊时，苏格拉底的一个学生组成了一个学派，叫作居勒尼派。这个学派主张人生在世就是享乐，而享乐就是只要自己心中想着快乐也就是快乐了。据说这一派的首领有一次被人往脸上吐了一口唾沫，这本来是有意侮辱他，但他却表现出无所谓的样子，照样乐呵呵的。别人感到不可思议，他竟说："打鱼的人为了打到鱼，全身给水溅湿了都在所不惜；我为了达到自己享乐的目的，给人吐一口唾沫又有什么关系呢？"撇开其中精神胜利法的思想不论，他的喻证却也起到了绝妙的自辩作用。

《钱氏私志》记载了这样一个故事：元丰间，宋阁使用者，善人伦。上知而言云："朕相法如何？"对曰："陛下天日之表，神明之姿，下臣不得而名。"又问："王安石如何？"对云："安石牛行虎视；牛行足以任，虎视足以威。"又问："卿如何？"对云："臣草木瓦砾，陛下用之则贵，不用则贱。"喻证的前两个不说，第三个以草木瓦砾自喻，"用之则之则贵，不用则贱"，诚实而不卑怯，似也是很得体的，我们甚至都能想像他言谈时那从容的风度。

传神的喻证同样可以用于驳斥对方。而且，这样的驳斥往往有着出乎意料的针对性和征服性。

1901年，沙俄政府宣称，为了保持军队所需的巨额费用，政府必须节约。因此，他们决定削减公立学校的经费。而马克·吐温却反驳了这种谬论：

"而我们则认为，国家的伟大来自公立学校。试看历史怎样在全世界范围内重演，这是多么奇怪。我记得，当我还是密西西比河上一个小孩子的时候，曾经有同样的事发生过。有一个镇子也曾主张停办公立学校，因为那太费钱了。有一位老农站出来说了话，说他们要是把学校停办的话，他们不会省下什么钱。因为每关闭一所学校，就得多修造一座牢狱。这如同把一条狗身上的尾巴用作饲料来喂养这条狗，它肥不了。我看，支持学校要比支持监狱强。"

事实上，马克·吐温的喻证直至今天，还是很发人深省的。

德国早先是没有女性登上大学讲坛的，在一次教授会上，一位保守人士就公开指出："怎么能让女人当讲师呢？如果她做了讲师，以后就要成为教授，甚至进大学评议会。难道能允许一个女人进入大学最高等学术机构吗？"

而一位不持偏见的教授则反驳道："先生们，候选人的性别绝不应该成为反对她当讲师的理由。我请先生们注意，大学评论会，毕竟不是澡堂。"

正是因为保守人士竭力扩大了性别问题，以"洗澡堂"理论喻之可谓入木三分，令人忍俊不禁。这场辩论的结果如何也就可想而知了。

[三　借物比喻]

1945年，罗斯福第四次连任了美国总统，这在整个美国历史上是罕有的。当时，《先锋论坛报》的一位记者采访了他，请他谈谈连任的感想。罗斯福没有回答，而是很客气地请这位记者吃了一块三明治。记者觉得这是殊荣，便十分高兴地吃了下去。总统又微笑地请他吃第二块。记者觉得情不可却，又吃了下去，不料总统又请他吃第三块，他肚子里虽已不需要了，但还是勉强地吃了下去。哪知罗斯福在他吃完之后又说："请再吃一块吧！"记者一听啼笑皆非，因为他实在吃不下去了。罗斯福微笑着说："现在，你不需要再问我对于第四次连任的感想了吧，因为你自己已感觉到了。"

这个例子告诉我们，语言的表达再高明，也总是有限度的。相对于语言表达，借物喻证则更加直接、形象，在某种场合也可起到特殊的作用。

传说，古希腊哲学家赫拉克利特也长于此道。有一次，波斯人包围了爱非斯，在这样的形势下许多人仍然花天酒地。由于断绝了生活资料的来源，不久，城里的人便受到了饥饿的威胁，只得召开居民大会讨论如何解决缺乏生活资料的问题。会上，那些在困难情况下仍然天天耗费大量生活资料的人，却在不着边际地高谈阔论，讨论了半天也没有找到一个解决问题的办法。人们问赫拉克利特有何高见，赫拉克利特转身回去拿来大麦面和水，在居民大会上吃起来。这一举动立即被人们理解了，就是说，解决问题的办法只有一条，不准有人再过奢侈的生活，大家都必须节俭。人们感到无需再讨论了，默默无言地散去。

在明治时代的日本，有一位叫作南隐的禅师。有一天，有位大学教授来向他问禅，南隐则以茶相待。

他将茶水注入这位来宾的杯子，直到杯满，而后又继续注入。

这位教授眼睁睁地望着茶水不断地溢出杯外，直到再也不能沉默下去了，终于说道："已经漫出来了，不要再倒了。"

"你就像这只杯子一样，"南隐答道，"里面装满了你自己的看法和想法。你不先把你自己的杯子空掉，叫我如何对你说禅？"

禅学一直以来都用"言不尽意"来强调自身的悟道。南隐所为，不仅是纯粹的禅辩风格，几乎也为所有的借物喻证的方法做了注脚。

［四　打破的鸡蛋是不能够修补的］

优秀的美国总统亚伯拉罕·林肯是近代历史极富有正义感和充满机智幽默的雄辩家，这一特征在他当律师的时候就已经显现出来了。在他当律师期间，他对错案从来不屑辩护，"他使用喻证的能力很强，几乎在每次法律辩论中都免不了使用这种推理方法"。林肯的这些品行和天赋，使他在坚决反对奴隶制、竭尽全力维护国家统一的一系列辩论中大放异彩。出乎意料、妙不可言的喻证比比皆是：

"裂开的房子是站不住的。我相信这个政府不能永远保持半奴隶半自由的状态。"（1858年6月16日的一次演说）

"虽然他（指道格拉斯）并没有做出优等人必须奴役劣等人的结论，但是显然希望他的听众得出那个结论。他逃避拆房子的责任，但他却在挖墙脚，让房子自己坍下来。"（1858年10月1日的演说笔记）

"以威胁置我于死地为名勒索我的金钱，还有以威胁搞垮联邦为名勒索我的选票，两者在原则上是几乎没有什么区别的。"（1860年2月27日的一次演说）

"打破的蛋是不能修补的……本政府不能一直进行这样的一场赌博，它把赌注全押上去了，它的对手却什么也没押。那些敌人必须懂得，他们不能去做搞垮政府的试验，如果搞了十年还搞不垮，再安然无恙地回到联邦来。"

（1862年7月31日的一封信）

"我不愿意发布一个会被全世界看作肯定不起作用的文告，就像教皇反对彗星的空话一样。"（1862年9月13日的一次演说）

"国家失去了，宪法还能保持吗？根据一般规律，生命和四肢是必须保全的。为了保全生命，往往不得不把四肢之一截掉，但是决不会为了保全四肢之一而把生命送掉，这是愚蠢的。我认为，一些措施，本来是不符合宪法规定的，但由于它们对于通过维护国家从而维护宪法是必不可少的，结果就变得合法了。"（1864年4月4日的一封信）

然而，在这一系列精彩的辩论中，林肯关于毒蛇与孩子的喻证则最具有奇辩性。

林肯一向认为黑奴制度违反了"一切人生来平等"的原则，这样的制度是必然要被埋葬的，只是由于历史的原因，这样的原则尚未成为一项法律义务。而且为了国家的统一，采用的方法应该慎重。林肯说，对于已有的蓄奴州，可以让它们自行决定是否保留奴隶制，自由州和全国政府不得干涉，这既受宪法约束，也是为了联邦的统一。但是绝不应该允许在新的州建立奴隶制，因为它与奴隶制是错误的原则相违背。他这样向听众阐明自己的思想：

"如果我看见一条毒蛇在路上爬，随便哪一个人都会说我必须就近抓起一根棍子把它打死；但如果我发现那条蛇和我的孩子们一同睡在床上，那就是另外一个问题了。我可能打伤孩子们，甚至打伤蛇，蛇还可能咬他们。更有甚者，如果我发现蛇和我们邻居的孩子们一同睡在床上，而我又曾和邻居庄严订约，在任何情况下都不插手他们孩子们的事，那我最好还是让那位先生自己去想办法解决。但如果一张床刚刚铺好，孩子们就要去睡在这张床上，行人却提议把一窝小蛇和孩子们放在一起，那我应该做出什么决断，我想没有人会提出异议吧！"

从上可知，林肯喻证确实很精彩。而且，即使在今天看来，也是充满智慧的。无怪乎那些听过他演说的人说，每当林肯讲入了题，他黝黑的脸庞就会发亮，灰眼睛就会冒出雄辩的火光或闪现幽默的光芒。

[五　就近取譬]

科学已经证明，地球已经存在了将近十亿年，而人类仅有几十万年的历史。有人把地球发展的全部历史比作一昼夜，并描绘出一幅十分神秘而又十分有趣的图景。

在一昼夜的最初时分，也就是午夜，地球形成。12小时后，也就是中午，在古老的大洋底部最早的一团团细胞开始慢慢蠕动。约16点48分，这些原始的细胞体发育成蠕虫、软体动物、海绵动物和藻类。随后，出现一群游动物——鱼类。21点36分，古生代结束，恐龙的王朝到来。在一昼夜结束前的40分钟，鳞甲目动物全部绝迹，地球上充斥着哺乳动物。只是到了23点59分56秒才出现人类。

相对浩瀚的地球而言，人类社会从野蛮状态进化到高度文明的现代的整个历史时期，在一昼夜中总共占4秒时间，真是沧海一粟啊！

数十亿年与几十万年到底意味着什么？在一般人心中，这也许是个抽象的概念，而一天24小时则是人们所熟悉的，借以喻证，就取得了特别清晰的形象。这种方法在喻证上称为"就近取譬"。

1919年1月28日，美、英、法、日、意等五国在巴黎讨论山东问题，日本代表牧野伸显无耻地提出无条件继承战败国在山东的权利。应邀列席的中国代表顾维钧愤而作辞，谓孔子有如西方之耶稣，山东有如耶路撒冷，中国不能放弃山东正如西方不能失去耶路撒冷一样。语毕，巴黎会议三巨头——美国总统威尔逊、英国首相劳合·乔治及法国总理克里孟梭均上前握手道贺，顾维钧遂博得了"青年外交家"之誉。

孔子及其故乡山东在中国文化中的地位，西方人未必很明白，但是耶稣与耶路撒冷在西方文化中的重要性，却是他们极为熟悉的。借用它来进行喻证，无论是形象还是内在涵义都极为贴切。

加里宁是俄国布尔什维克的一位杰出的革命宣传家。一次，他向某省农民代表讲解工农联盟的重要性。尽管他做了极其详尽的论证，听众始终茫然而不得要领。有人递上一张纸条："什么对苏维埃政权来说更珍贵？是工人还足农民？……"

此时，加里宁眼睛一亮，他迅速地反问："那么，对一个人来说，什么更珍贵？是右腿还是左腿？"

全场静默片刻，突然爆发出雷鸣般的掌声，农民代表们都笑了。

确实，有时候，一大篇抽象的论证往往不如一个浅显的类比。这也就是就近取譬的魅力之所在。

[六　奇妙的喻证]

辜鸿铭是学贯中西的北大教授，"生在南洋，学在西洋，娶在东洋，仕在北洋"，自号"东西南北洋老人"。然而，他却是一夫多妻制理论的坚决拥护者，他的理由是：

一个茶壶尚须配四个杯，一个茶壶配一个杯子就不像话了。

虽然我们对老先生的多妻制不敢苟同，但是他的这个喻证确实是很精彩。

一位演讲家在演讲时，说："男人，像大拇指，"他高高竖起大拇指，"女人，像小手指。"

他的话音末落，就引起了全场的骚动，尤其是女士们的强烈反对。

演讲家见势便立刻说："女土们，人的大拇指粗朴有力，小手指却纤细、苗条，灵巧可爱。女士之中，哪一位愿意颠倒过来？"

这样，聪明的演讲家仅用一句话就平息了女士的愤怒，这确实是一个奇特的喻证。演讲家固然变得快，总有欺骗之疑状，不可谓善。

恰当奇妙的喻证应该是真、善、美三者的有机统一，这三者是缺一不可的。否则，喻证就只能说是奇，而不能定义为妙了。

02
使用对比

［一 简单明了的对比］

1939年9月1日，德国进攻波兰，当时的英国首相张伯伦判断与德国作战是在所难免的。所以，他提议由少数阁员组成一个战时内阁，用来指挥作战，丘吉尔应邀入阁。但丘古尔感到这个高龄的内阁班子不适于战时工作，主张选用年龄较轻的人组成这个内阁。他在给张伯伦的信中说："我们岂不是成了一个老人队了吗？我发觉你昨天向我提起的6个人的年龄总数，竟达386岁或平均64岁以上！仅比领养老金规定的年龄差一岁！如果你把辛克莱（49岁）和艾登（42岁）延揽入阁，平均年龄就可以降到57.5岁。"丘吉尔的信写得未免有点尖刻，但他主张战时高级指挥人员年龄不能过高，确实是切中时弊。张伯伦采纳了他的意见，让年龄较轻的海、陆、空三个部的大臣参加了战时内阁。

这种将两种事物摆在一起，做对照的说明，以使人们明确地得出结论的方法，就是对比。

老子曰："有无相生，难易相成，长短相形，高下相倾，声音相和，前后相随。"他的这些话充分说明了天下万事万物是相比较而存在的道理。对比就是将两桩形象鲜明的事物摆在一起、使人容易明白地得出结沦。这也正是对比的好处，它的方法很简单，但是，结论却很鲜明。

例如，非洲民族解放运动的伟大人物肯亚达说："外国传教上来的时候，非洲人有土地，传教士有圣经。他们叫我们闭着眼睛祷告，等到我们睁开眼睛的时候，变成他们有土地，我们有圣经了。"

这句话可以说是尖锐得如同利剑一般，后来，这句话迅速在非洲大陆广为流传，成为争取非洲民族解放的正义的象征。对比的功效是不可轻视的。

我们日常交流中的对比，往往是一句、两句或几句话的比较，有时也有大段大篇的比较。比如梁启超的《少年中国说》，其中写道：

"欲言国之老少，请先言人之老少。老年人常思既往，少年人常思将来；惟思既往也，故生留恋心；惟思将来也，故生希望心。惟留恋也，故保守；惟希望也，故进取。惟保守也，故承旧；惟进取也，故日新。惟思既往也，事事皆其所已经者，故惟思照例；惟思将来也，事事皆其所未经者，故常敢破格。老年人常多忧虑，少年人常外行乐。惟多忧也，故灰心；惟行乐也，故盛气；惟灰心也，故怯懦；惟盛气也，故豪壮。惟怯懦也，故苟且；惟豪壮也，故冒险。惟苟且也，故能灭世界；惟冒险也，故能造世界。老年人常厌事，少年人常喜事。惟厌事也，故常觉一切事无可为者；惟好事也，故常觉一切事无不可为者。老年人如夕照，少年人如朝阳；老年人如瘠牛，少年人如乳虎。老年人如僧，少年人如侠。老年人如字典，少年人如戏文。老年人如鸦片烟，少年人如白兰地酒。老年人如别行星之陨石，少年人如大洋海之珊瑚岛。老年人如埃及沙漠之金字塔，少年人如西伯利亚之铁路；老年人如秋后之柳，少年人如春前之草。老年人如死海之潴为泽，少年人如长江之初发源。此老年与少年性格不同之大略也。任公曰：人固有之，国亦宜然。"

这一大段话，以"先言人之老少"来喻证"国之老少"。因为句句用对比的方法，前呼后应，所以，尤其显得意气风发，神采飞扬。它的激情，极大地感染了内外交困下的中国知识分子，风靡一时，脍炙人口。

[二　富兰克林的幽默]

富兰克林是美国18世纪著名的物理学家和政治活动家，他曾参加过《独立宣言》的起草，还为国家制度的民主化做出过不懈的努力。按照当时的美国法律，只有具有一定收入的富裕的人才有资格被选入议会，对此，富兰克林说了下面的一番话：

"要当议员，我必须有30美元。假定我有一头价值30美元的驴，我因而当选为议员。过了一年我的驴死了，我也就不能再当议员了。试问，到底是谁当议员，是我，还是驴？"

富兰克林的这一对比，可以说是奇妙之极，它淋漓尽致地揭露了当时美国法律的虚伪性。正因为"我"和"驴"的等同是常理所不能接受的，所以，这样的对比才更能产生出震撼人心的力量。

一般的对比，总习惯于从大处着眼，法国大革命的雅各宾派领袖之一卡米耶·德穆兰偏偏反其道而行之。他在一次著名的演讲中说：

"君主制与共和制之间有一点区别，仅仅这点区别就足以使人怀着恐惧，弃君主统治，不惜牺牲一切以建立共和制了。民主政体的人民可能会受骗，但至少他们珍爱美德。他们相信把权力交给了有道德的人，而不是交给作为君主制基础的流氓恶棍。邪恶、诡谲、犯罪等等对共和围来说是痛疽，对君主政治来说却是健全和赖以生存的要素。黎塞留红衣主教公开承认他的政治原则是'君主应该永远避免任用绝对诚实的人才'。远在他说这话之前，沙拉斯就说过'君主身边不能缺少恶棍流氓。相反，他们倒不敢任用诚实与正直的人。'因此，只有在民主政体下，善良的公民才有可能看到阴谋与罪犯不能得逞。为了达到这目的，唯一要做的是启发人民。"

任何政治家的辩论，目的只有一个，那就是使听众接受自己的主张，并激发起听众革命或者是行动的热情。在伏尔泰、卢梭等大思想家对专制制度进行理性的审判之后，德穆兰的道德批判更刻画出君主政体之丑恶。它对当时革命情绪正迅速高涨的巴黎群众无疑具有更大的鼓动性。演讲发表的两天后，革命群众便攻占了巴士底狱。

一般的对比，基本上都在于生动说明一方的道理。事实上，以对比反驳对比不容易，以长篇的对比反驳长篇对比更属难得。

春秋时期，法家的代表人物慎到就指出：

"飞龙乘云，腾蛇游雾，云罢雾霁，而龙蛇与蚓蚁同矣，则失其所乘也。贤人而诎于不肖者，则权轻位卑也；不肖而能服贤者，则权重位尊也。尧为匹夫，不能治三人；而桀为天子，能乱天下。吾以此知势位之足恃，而贤智之不足慕也。"

然而，韩非并不同意慎到的观点，所以，他反驳慎到的观点说：

"飞龙乘云，腾蛇游雾，吾不以龙蛇为不托于云雾之势也。虽然，夫择贤而专任势，足以为治乎？则吾未得见也。夫有云雾之势，而能乘游之者，龙蛇之材美也……夫有盛云醲雾之热而不能乘游之者，蚓蚁之材薄也……夫良马固车，使臧获御之，则为人笑；王良御之，而日取千里。车马非异也，或至乎千里，或为人笑，则巧拙相去远矣。今以国位为车，以势为马，以号令为辔，以刑罚为鞭策，使尧、舜御之，则天下治，桀、纣御之，则天下乱，则贤不肖相去远矣。"

个人的观点当然是见仁见智的，我们暂不去讨论。然而，慎到以对比大段说理，韩非借对比大段驳难，二人的以却都很明确，确实堪为奇比。

[三　孰是孰非]

1671年5月，伦敦发生英国历史最著名的刑事犯罪案。一个以布勒特为首的五人犯罪团伙，欺骗了伦敦塔副总监，混入了马丁塔，企图抢走英国的"镇国神器"——英国国王的皇冠。

5名罪犯在案发后集体被抓获，他们的行为引起了社会的广泛关注。伦敦塔总监泰尔波特亲自审问这些罪犯，并把他们全部判处死刑。

全国上下的兴趣都聚焦在了这一群目无法纪、胆大包天的歹徒身上。甚至，国王对他们也非常感兴趣，并决定亲自提审为首分子布勒特。在国王审问时，布勒特充分发挥了他的辩才，为自己洗刷和申诉。

虽然，查理二世觉得他是个十足的无赖，但还是故意问他该如何处置自己。

布勒特思考了片刻说："从法律角度来看，我们应当被处死。但是，我们五个人每一位至少有两个亲属会为此落泪。从陛下您的立场看，多十个人赞美总比多十个人落泪好得多。"

也正是这个奇特的对比，使问题出现了转机，查理二世绝没有想到有如此回答，他几乎感觉不到地点了点头，然后又问："你觉得自己是个勇士还是懦夫？"

布勒特机灵地说："陛下，自从您的通缉令下达以后，我没有一个地方可以安身，所以去年我在家乡搞了一次假出殡，希望警方相信我已死亡而不再追捕，这不是一个勇士的行为。因此，尽管我在旁人面前是个勇士，但是在您——陛下的权威下只是一个懦夫。"

查理二世对他的这番绝妙的对比非常满意，不但免除了布勒特的死刑，还赏给他一笔不小的年金。

从严格意义上说，布勒特的辩论算不上什么雄辩。然而，他的对比的客观性还是要注意的。这些对比在其特定的方向上完全成立，只是全面地看，它又显得如此不公正。就是说，原对比的矢向是不客观的。根据布勒特的理论，我们甚至能认定东施比西施更美，"瓦全"要比"玉碎"更为高贵，犯错误要比立功更好，如此等等。这样做的结果，就是由标准的相对性而全面走向诡辩：对比的意义和有效性决定于它的矢向选择。

宋代的一本书《开颜集》中，就记载了范仲淹的一件事：

有一次，范仲淹同皇帝议事回来，就寝前，他仔细察看官员名册，把一些没有才干的监司一一勾销。后来，副使富弼得知此事，对他说："你这一笔勾下去，哪里会知道，要造成'一家哭'呢？"范仲淹说："一家哭，何如一路哭耶？"意思是勾去一名监司，其一家人会感到痛苦，但是他一家人的痛苦，怎比得上由于他的无能而造成一路兵马的痛苦呢？

就这样，范仲淹不仅罢免了庸人，而且也点出了对比矢向的公正性和客观性。

林肯在反对罪恶的奴隶制度时，指出："就算黑人在天赋方面的确比白人差，但是假使因为这个缘故白白地把给黑人的那一点点东西拿走，岂不是太不公平了吗？'把他需要的东西给他'是基督教的慈善准则，但是'把他需要的东西拿走'却是奴隶制上的准则。"这是以公正人道的标准取代歧视性的种族标准。

　　总而言之，世界上的任何事物都处于普遍的联系之中，而且，他们往往可以有不同矢向的比较。矢向不同，比较所得到的结果也可能有区别，甚至完全不同，这就需要我们进行全面思考和认真选择，以杜绝对比中的诡辩性。

03
引例辩论

[一 例证法]

孙中山先生曾经在一次讲演中说过一个真实的故事。

南洋爪哇有一个财产超过千万的华侨富翁。某日，他外出访友，却因未带夜间通行证和夜灯而无法返回。因为当地法令规定，华人夜出如无通行证和夜灯，一旦为荷兰巡捕查获，轻则罚款，重则坐牢。出于无奈，他只得花一元钱，请一个日本妓女送自己回家，因为荷兰巡捕不会问日本妓女的客人。

孙中山说："日本妓女虽然很穷，但是她的祖国却很强盛，所以她的地位高，行动也就自由。这个人虽然很富，但他的祖国却不强盛，所以他连走路也没有自由，地位不如日本的一个娼妓。如果国家灭亡了，我们到处都要受气，不但自己受气，子子孙孙都要受气啊！"

虽然这只是一个故事，但是孙先生却如此尖锐而愤怒地讲出。同样，这句话也像电击一般打在听众的心弦上，激起了强烈的反响。这也就是例让法的奇妙之处。

丘吉尔曾指出："最有力的雄辩，不是冗长的论证，而是举出必要多的实例。所有的实例都指向同一个方面结果，如果这样，你的结论一定会被人们所接受。"他的这番话确实是经验之谈。

"五四运动"使中国社会的总体思想和整个人文意识有了急剧的变化，"五四"前后的中国社会也发生了翻天覆地的变化。人们的思想，逐渐由"五四"之前的"大社会，小自我"变化为日益重视"自我"的地位和权利。

北大教授王瑶先生每论及此，总要以"五四"前后自我称谓的变化为例。"五四"前一般的自称是"鄙人""愚""不才"——绝对没人敢称"我"。中国人理直气壮自称为"我"，实在是从"五四"开始："我认为""我主张""我宣布"——它标志了了不起的个性解放。

就是凭借这些看似简单的例证，王瑶先生极其形象、清晰而又富有说服力地证明了原本很抽象的道理。一般来说，例证可以单独举例，也可以数例并举，后者的概括性强，归纳性强，所有的实例都指向同一方向，有着异常强大的说服力。

［二 卡耐基的故事］

美国著名的成人教育家卡耐基曾多次向人们讲述这样一件事。

李兰斯特在为儿童向联合国求援时，发表了很精彩的演说，以此来博得群众的支持：

"我由衷地向神祈祷，希望这种事别再发生，你也许从来也不曾想到，儿童与死亡之间的距离，仅有一粒花生米而已，希望这种痛苦的记忆，不要一再重演在人类历史上。1月份的某一天，如果各位亲眼看到或听到，那些受到飞机轰炸、惨不忍睹的劳工住宅区的情景……那时，我的手下只剩下半磅花生米罐头而已，当我打开罐头时，许多衣衫褴褛的孩子围了过来，还有很多抱着婴儿的母亲，也向我这里靠拢，希望我能收养那些小孩。那些抱在怀中或围在我身边的孩子，个个骨瘦如柴，只剩下皮包骨头，因过度营养不良而不住打战。我将手中的花生米，一粒一粒分递给每一位小朋友，心中只希望自己有更多的花生米，来分给更多的小朋友。

"有些小朋友饥饿过度，紧紧抱住我的小腿不放，周围有数百只手向我哀求，我望着这些绝望的手，心中感到一阵的悲悯。我在每一双小手上，放一粒奶油花生米，在他们挤来挤去的时候，有几粒花生米被碰掉，为捡拾花生米，孩子们蜂拥而上，你争我夺。有的小朋友左手拿过花生米，右手又伸过来，哀求乞食的好几百双手，不断向我伸过来，已失去希望的好几百双眼睛，呆呆地望着我。但是，我手中的花生米已经外送完毕，只剩下一个中空的罐子，我实在是心有余而力不足，只能眼睁睁地看着他们哀告无助的眼神……我心中不断祈求上苍，但愿这种人间悲剧，永远不会再发生……"

确实，李兰斯特的演讲，一开头就像磁铁一样吸引听众，使每个人都为之感动。

像这样以例证式开头的方法，卡耐基称之为"魔术公式"。它的特点是：在尚未涉及该辩论题的核心内容之前，以具体实例开头，并通过这个实例吸引听众，借此，把你想让听众知道的事透露出来，然后，从中引出你想说服听众的要点和理由。

当然，用此开头的例证，必须鲜明和生动，要有适当的细行描述。唯如此，才能在听众的脑海中打上深刻的烙印。例证就好像一个形象的中心点，一旦它攫住了听众的心灵和感情，一切都将为之变得生动，它被现代雄辩学称为最佳的开场方式之一。

04

类推设辩

[一 妙用类推，四两拨千斤]

刘备在担任太守时，有一年天下大旱，朝廷下令禁止酿酒，违者重罚。布告贴出之后，差役们不分青红皂白，凡有酿酒工具者，都抓来关起。刘备很嘉许这些办事人员。他的谋士简雍却另有看法，但事关救灾，不便进言。

一天，刘备与简雍闲游，前面有一老人和一青年妇女并行。简雍说："是奸夫淫妇，该逮捕法办！"刘备仔细窥探了一阵，回答说："无罪证，非也！"简雍说："有淫器耳。"刘备听了，恍然大悟，立刻转身回衙，释放了一大批无辜者。

确实，有"淫器"不等于就犯了奸淫罪，那么，又怎么能说有酿酒工具就要以违反禁酿令而受到处罚呢？简雍并没有一字涉及酿酒，然而由此及彼，以此类推竟说服了刘备。这便是类推法的妙用。

墨子是我国古代极力主张和平的人物，他身处诸侯混战的乱世，却极力反对互相攻伐和侵略。他说，偷桃李、偷鸡狗、偷牛马以及杀人越货，人人都知道属不义之举，而且明白后者大不义于前，为什么不知道侵略别国是最大的不义呢？杀一人、杀十人、杀百人，人人都知道属不义之举，且后者大不义于前，为什么不知道侵略杀万人是不义呢？结论是：

"今有人于此，少见黑曰黑，多见黑曰白，则以此人不知道黑白之辨矣。今小为非，则知而非之；大为非攻国，则不知非，从而誉之，谓之义；此可谓知义与不义之辨乎？"

墨子从平常的道理类推出非攻的必然性，论证就非常有力。

汉淮阴侯韩信，有大功于刘邦，亦一直是刘邦的心腹之患，最后被吕后杀死。韩信临死时悲而叹曰："狡兔死，走狗烹；高鸟尽，良弓藏；敌国破，谋臣亡。"话说得悲伤而又无可奈何，用的也是类推法。

如上推理，类推的前提假如是需要驳斥的观点，又可从中类推出荒谬的结论，那么，这种类推又可称为归谬。在这个意义上，归谬可以说是一种特殊的类推。

英国国王查理二世是个很有意思的人，他对克伦威尔一直耿耿于怀，因为查理一世便是死在克伦威尔手下。有一次他问罪《失乐园》的作者弥尔顿。弥尔顿曾为克伦威尔的秘书，后来眼瞎了。查理二世问他："你可曾想到你眼睛之所以瞎掉，乃是因为你帮了杀我父亲的凶手而遭的天谴吗？"不料，弥尔顿却这样回答："我眼睛瞎掉，那是千真万确的事情；不过假如一切祸害都归于上帝的天谴，那么你要晓得，陛下，令尊的头颅也是失掉的啊！"天谴弥尔顿的理由恰恰也是天谴查理一世的理由，这就是归谬，这也正是查理二世这次发难失败的原因。

英国的陆军元帅蒙哥马利是个高傲的军人。1961年，他访问我国，并在访华期间观看了戏剧《穆桂英挂帅》，对此他很不以为然，说："爱看女人当元帅的男人不是真正的男人，爱看女人当元帅的女人不是真正的女人，怎么可让女人当元帅呢？"中国陪同人员很机敏，说："英国的女王也是女的，按照你们的体制，女王是英国国家元首和全国武装部队总司令。"这一下，蒙哥马利不吭声了。而陪同人员用的就是归谬法。

在1988年5月24日的《新民晚报》上，登载了一桩夫妻不和的故事。

丈夫总是埋怨妻子太过抛头露面，在单位的团日活动中，妻子居然还乘兴在海滨公园穿着泳装照了张集体像。"荒唐，还合影呢？尽管都是站着的，但总是在一个平面上呀，假如各自后仰九十度，或者大地像床褥那样可以往上转折九十度，将是何种景象？"

妻子听了丈夫的责难非常生气并大哭一场。但是，后来她经人启发也推出一条妙理，并以此来反驳丈夫：

"你不也是天天要挤公共汽车吗？挤车时推推攘攘，人与人贴得可紧啦，在高峰时耳鬓厮磨也是常有的事，比日光浴并排站岂不是更加热乎？照你的逻辑推理岂不更加荒唐。"

丈夫没想到妻子还能顶回来，顿时没了脾气。

确实，归谬反驳在这样的场合运用，既有力又幽默，而且还是一个强烈的休止符。试想，倘没有这个休止符，那些无聊而又伤人感情的争辩该如何收场呢？妙用类推，四两可以拨千斤，费力不大，却能取得惊人的效果。

[二　狼的道理]

在传统的故事体系中，狼和羊往往是寓言故事的主角。有个故事说，一只狼捉住了一只羊并准备吃掉。羊抗议道："你们这些凶暴的狼，为什么总是欺侮我们羊？我们羊可从来不曾欺侮过你们啊！这太不公平了！"

"这有什么？"狼说，"我无非是找点吃的嘛！难道你们什么也不吃？"

"我们只吃一点点青草罢了，却从来没有吃过一只狼啊？"

"哈哈！"狼大笑起来，"难道青草就该你们吃吗？你们吃那么多青草，但是青草什么时候吃过羊？你们难道还配说什么公道吗？我今天吃掉你，正是为了给青草报仇。这若是不公道，难道天底下还有公道可言吗？"

就这样，狼为了主持公道，把羊吃掉了。

这个故事充分地展示了狼的"雄辩"。确实，自然界本身就是一个弱肉强食的世界，狼吃羊原也可以理解，但它为了"主持公道"竟做出了如此的类推。

既然青草从未吃过羊，而羊却可以吃青草，那么，虽然羊从未吃过狼，狼却可以吃羊。

第一，该类推并不能证明狼吃羊是为了"主持公道"。

这样说来，如果羊吃草是公道和正义，那么狼对羊的惩罚就是对公道和正义的惩罚，而这是不公道和不正义的。或者，如果羊吃草是不公道和不正义的，那么，狼吃羊也是不公道和不正义的。惩罚不公道原是为了"主持公道"，但是以"不公道"惩罚"不公道"，所得到的结果仍是"不公道"的。以上两点，无论就哪方面来说，狼都不能证明自己是"为了公道"。

第二，如果狼的类推可以成立，那么羊就可以证明：狼必定要为它今天的行为付出代价，因为狼必定成为它所遇到的第一个比它更有力、更凶残的动物的腹中美味。换言之，根据狼的"雄辩"却可以推出吃掉狼自己的结论。

林肯是美国历史上一位伟大的总统。在他担任总统时期，他一直在为废除奴隶制而不懈努力。在一次关于奴隶制的笔记中，他也借鉴了上面所说的狼的道理。他的笔记这样记道：

"不管甲怎样确证他有权奴役乙，难道乙就不能抓住同一论据证明他也可以奴役甲吗？你说因为甲是白人，乙是黑人。那么，就是以肤色为依据喽。难道肤色浅的人就有权去奴役肤色深的人吗？那么你可要当心，因为按照这个逻辑，你就要成为你所碰到的第一个肤色比你更白的人的奴隶。你说你的意思不完全是指肤色吗？那么你指的是白人在智力上比黑人优异，所以有权去奴役他们吗？这你可又要当心，因为按照这个逻辑，你就要成为你所碰到的第一个智力上比你更优异的人的奴隶。"

可见，林肯的类推是何等有力而辛辣啊！

[三　类推归谬]

所谓的类推归谬，就是说这类推论的结论是从对方的道理中"顺"出来的，极为轻松，结论又恰好揭露了对方道理的荒谬性，针对性极强。因此，类推归谬便具有迷人的奇辩性。

曾经有个白人牧师向一位黑人领袖发难说："先生既有忠于黑人解放，非洲黑人多，何不去非洲？"

而黑人领袖则回答："阁下既有志于灵魂解脱,地狱灵魂多,何不下地狱?"

19世纪时,西方一些科学家称找到了白种人比黄种人聪明的科学证据:黄种人的头发截面是圆的,而白种人的则是椭圆的,椭圆有两个圆心,用圆规画出更为不易,可见上帝偏爱白人。孰料,20世纪初,人类学家在非洲某地发现一黑人原始部落,他们的头发,却是扁的。

康有为曾经一再坚持帝制,并提倡孔教,说:"不拜天又不拜孔子,留此膝何为?"

鲁迅则"发扬光大"了康有为的理论,不仅使人明白"留此膝何为",而且也进一步明白了"脖颈最细,古人则于此斫之;臀肉最肥,古人则于此打之"。

类推归谬在上述例证中的奇辩性,似乎不用再一一分析。总而言之,它就像武林高人的太极推手,不动声色地运集和利用敌我双方全部力量,于轻松、潇洒之中,一招而令对手肝胆俱损、五脏俱裂。类推之为类推,诚然如此!

[四 黑人与鳄鱼]

1856年,斯科特黑奴案的判决引起了美国社会的强烈骚动,由此也引发了林肯与道格拉斯关于奴隶制问题的大辩论,这一事件也成了全美注意的中心。

在辩论中,道格拉斯将《独立宣言》解释为:"当他们(指《宣言》的签名者)宣传一切人生来平等时,他们指的仅仅是白种人,而不是非洲人,他们说的是这个大陆上的英国人与出地地和居住在英国的英国人一律平等……"

林肯则马上指出,道格拉斯的这些辩解在理论上是荒谬的,因为"《宣言》里不只是没有提到黑人,连美国和英国之外的白人也没提到。……世界上其他白种人就都和这位法官所谓的劣等民族一道完蛋了"。

林肯指出，正是这种荒谬的解释，从而表明了大法官顽固的奴隶制立场。"任何事情只要不妨碍在全国实行黑奴制，他都赞成。白人可以拖下去，但黑人决不可以拉上来。"

道格拉斯公然宣称：在黑人和白人之间的一切冲突中，他支持白人，但是在黑人和鳄鱼之间的一切问题上，他支持黑人。道格拉斯想讨好白人又讨好黑人。而且，这个经过一番深思熟虑的论证也确实迷惑了不少人。

然而，林肯向听众分析道：道格拉斯这段话包含两个推论：

"第一个推论似乎是，如果你不让黑人当奴隶，你就多多少少对不起白人；谁要是反对让黑人当奴隶，谁就是多多少少反对白人。这不是弥天大谎吗？如果白人和黑人之间真有不可避免的冲突，我肯定会和道格拉斯法官一样支持白人，可是我认为并没有这种不可避免的冲突。天地大得很，我们都可以在里面自由自在地生活。让黑人自由，一点都没有对不起白人。"

"问题的另一方面是，在黑人和鳄鱼之间的争斗中，他支持黑人。……我认为这个主张可以这样来解释：黑人对于白人，就像鳄鱼对于黑人；黑人可以理所当然地把鳄鱼当作野兽或爬虫对待，白人也可以理所当然地把黑人当作野兽或爬虫对待。这就是他的全部论据的要害所在。"

就这样，从对手貌似中庸的得意之言中，林肯巧妙地归纳出了蕴含在话语背后的凶残本质，这也充分体现了林肯那精辟入微的思维分析的功夫。

［五　正确地使用类推］

有这样一个笑话：一个人看中了电视广告中说的那种新推出的自行车。他找到登广告的这家商店。但在挑选时，他发现实际出售的自行车上没有灯，而广告中却有。顾客指责店主骗人，店主平静地解释道："噢，先生，这灯是额外的东西，没有计入车子的售价，广告里还有位骑在车上的女郎呢，难道我们也要随车提供一位吗？"

店主的话可谓一针见血，而且还不失公正。他故意对"广告中有的"这一论断做了歪曲的类推。

上面的例子告诉我们，要想正确有效地运用类推法，就必须注意到一点：据以推出结论的理由必须是原对象中必定存在的，不能够曲解它本来的意义，否则，便违反了思维一致性的原则而流于诡辩。

据《后汉书·孔融传》记载：

汉末大兴军事，有加上天下饥荒，社会民生凋敝。因此，曹操主张禁酒，说酒可以亡国。孔融却故意反对，说也有以女人亡国的，何以不禁婚姻。

孔融反对曹操暴权的精神是很可贵的，但他的类推却不准确。酒为身外之物，自然可以禁得，男女之事乃人类天性，如何禁得？他混淆了可能与不可能的区别。

据《五代史补》记载：

钱镠封吴越国王，工役大兴，士卒嗟怨。或夜书府门曰："没了期，没了期，修城才了又开地。"镠出，见之，命吏书曰："没了期，没了期，春衣才罢又冬衣。"嗟怨顿息。

钱镠的类推也是故意混淆了两桩不同的道理。修城开池是人为之事，完全可作适当调度，而"春衣冬衣"则是顺应季节变化，季节之变化却不是人所能左右的，用今天的话说就是：不以人的意志为转移的。由此可见，钱镠在矫理作辩，至于"嗟怨顿息"不过是士兵们敢怒不敢言罢了。

可见，歪曲类推是一种诡辩，而这种类推平常人往往注意不到。然而，即使是思维缜密的大雄辩家，有时也难免犯类似的错误。关于苏格拉底的一段谈话就证明了这一点，谈话的主角分别是苏格拉底和玻勒马霍斯。

苏格拉底（以下简称苏）：是不是善于预防或避免疾病的人，也就是善于造成疾病的人？

玻勒马霍斯（以下简称玻）：我想是这样。

苏：是不是一个善于防守阵地的人，也就是善于偷袭敌人的人——不管敌人计划和布置得多么巧妙？

　　玻：当然。

　　苏：是不是一样东西的好看守，也就是这样东西的高明的小偷？

　　玻：看来好像是的。

　　苏：那么，一个正义的人，既善于管钱，也就善于偷钱喽？

　　玻：按理说，是这么回事。

　　苏：那么正义的人，到头来竟是一个小偷！

　　玻：老天爷啊！不是。我弄得晕头转向了！

　　这是有一连串前提的类推，善于防病也善于造成疾病，善于防守也善于偷袭，善于看守也善于偷窃，这些前提都对，因为它们都是就技术方面而言，具体的行为不过是一块金币的两面。然而，倘以此类推，"一个正义的人，既善于管钱，也就是善于偷钱"，那可就错了。因为正义绝不是一种技术，它是一种德行。这种品行以排斥不义之举为前提。

　　在这样的辩论中，有些歪曲原意的类推虽然看似娓娓善辩，奇谲多端，但是，它们在根本上不会对辩论有任何帮助。

05

逆向思维

[一　反推原理]

鲁迅先生有篇文章，叫作《此生或彼生》，全篇如下：

> "此生或彼生"

对于一般读者而言，如果突兀地让我们猜测这五个字的意思，显然是很难的。但如果在《申报》上，见过汪懋祖先生的文章，例如说"这一个学生或是那一个学生"，文言只须"此生或彼生"即已够了，其省力为何如？那我们就会很容易地想到，这五个字就是"这一个学生或是那一个学生"的意思。

确实，文言的字数比白话文少，而且意思也比较含糊。我们看文言文，往往不但不能增益我们的知识，并且须用我们已有的知识，给它注解、补足。待到翻译成准确的白话文之后，这才算是懂得了。如果开始就用白话，即使多写了几个字，但对于读者，其省力为何如？

而这个例子就是用主张文言的汪懋祖先生所举的文言的例子，证明了文言的不中用了。可见，仅用数百字就能从同一个事情中推出与对方论证截然相反的意思。既直接驳倒对方，又直接确立观点，这就是反推论证。

在众多的辩论方法中，反推往往能造成一种出乎意料的征服效果。因为一种道理用反推的方法讲出来，对比极其强烈，令人回味无穷。

俗话说："各人自扫门前雪，莫管他人瓦上霜。"在这里，我们的传统文化可以说是为自私做了靠山。然而，"五四"的新文化先驱们却偏要反驳这一观点。他们指出，每个人都管好自己的事，意味着两个前提：一是请不要管我，二是请相信我——这正是现代人的自我意识。另一方面，不扫自己门前雪，却爱管他人瓦上霜，未免管得太宽了，它至少不尊重别人的权利。经过如此的解释，自私的注脚令人信服地成为自由的注解。当然，"五四"学人对自由的解释是不是全面，那是另外一回事了。但这一反推却是充分说理的。

美国的一部叫《孤女》的电视剧，简述了一个小女孩被生母遗弃之后，进了儿童之家，之后又为好心的某太太收为养女的故事。重新获得的母爱，使女孩卡佳得到极大幸福和自豪。一天，班里一同学成绩下降，不肯认错，卡佳批评了她，她就讥笑卡佳是养女，不配批评别人。

"不，"卡佳说，"我有妈妈，妈妈选择了我。你们也有妈妈，可你们妈妈得到你们时，不能选择，也不能再将你们退回去。儿童之家有那么多孩子。妈妈却选择了我……"

本来，失去生母就是很痛苦的一件事，因失去生母而被人嘲笑更可以说是可怜之极。然而，卡佳的聪明却正在于利用对方的论据，变通常养母不如生母的感觉，而反证为养母胜于生母——因为她有选择的权力。

战国时的魏国有一位大臣叫李克，一天，魏文侯问他："吴国是因为什么灭亡的？"李克马上回答说："是因为屡战屡胜。"

魏文侯听后很迷惑，屡战屡胜怎么能跟灭亡联系在一起呢？他不解地问："屡战屡胜是国家最吉利的事，怎么会使国家灭亡呢？"

李克回答说："屡战，人民就要疲困；屡胜，君主就会骄傲。以骄傲的君主，去统治疲困的人民，这就是灭亡的原因。"

魏文侯点了点头，并对李克的远见卓识极为赞赏。所谓"善游者溺，善骑者堕"，"不怕一万，只怕万一"，"生于忧患、死于安乐"，说的也就是物极必反、相反相成的道道。这也就是所谓的反推。

[二 怎样运用反推]

反推是有一定的难度的，反推必须有充分的说理，这就要求思考要更具辩证性。

章太炎先生曾经谈到过这样一件事。1906年，社会上传说满清政府要高度实行中央集权，把财政兵权都收归为数不多的满族官员掌握。有些人感到很紧张，认为若这么一来，革命便愈难成功。章先生说："若依兄弟看来，正是相反。以前满洲将士曾打准噶尔部，青海等处，每战必胜，到得川、楚；'教匪'起来，满洲兵就不能抵敌，全是杨芳、杨遇春等为虎作伥，方得'教匪'死命。太平王起来时，赛尚阿、乌兰泰辈，没一个不一败涂地，竟靠着几个湖南督抚，就地捐厘，兼办团练，才能够打败洪氏。照这样看，督抚无权，革命军正是大利，有什么不好呢？"

章先生的这番反推论证，广征博引，富有雄厚的事实，极其令人信服。

有一次，鲁迅先生发表一个演讲。在演讲中，他指出，提到嵇康和阮籍的罪名，一向说他们毁坏礼教，但据他个人的意见，应是信礼教迁执之极："魏晋时代，守奉礼教的人看似乎很不错，而实在是毁坏礼教；不信礼教的，表面上毁坏礼教者，实则倒是承认礼教，太相信礼教。因为魏晋时所谓崇奉礼教，是用以自利，那崇奉的也不过偶然崇奉……于是老实的人以为如此利用亵渎了礼教，无计可施，进而变成不谈礼教，不信礼教，甚至于反对礼教。但其实不过是态度，至于他的本心，恐怕倒是相信礼教，当作宝贝，比曹操、司马氏就要迂腐得多。……比如有一个军阀……那军阀从前是压迫国民党的，后来北伐军势力一大，他便挂起了青天白日旗……他还要做总理的纪念周。这时候，真的三民主义信徒——倒会不谈三民主义，或者听人假惺惺地谈起来就皱眉，如真反对于三民主义模样。所以我想，魏晋时所谓反对礼教的人，有许多大约也如此。"

通过上面的一段话，我们可以清晰地看出，鲁迅先生不为表面的假象所迷惑，而是通过现象而抓住本质。而这是因为他的这种独具卓识的逻辑力量、就近设譬，以及浅显易懂的例证，才使他的反推更具有辩证性和说服力。

唐太宗李世民对官员们以官谋私、接受贿赂非常憎恶。他决定设计狠狠地刹一刹这股歪风。一天，他派自己的亲信试着用财物去贿赂官员们，有一个管门关的官员接受了一匹绢布。皇上知道后，非常恼火，准备下令将他处死。户部尚书裴矩不同意，说："此事是陛下您派人去贿赂他，他才接受的，这本是用法来陷害人，恐怕不符合古人说的'用道德教导人们，用礼节制约人们'的精神。"

这个例子也是说用反推的方法说出了更深一层的道理。后来，李世民不仅听从了裴矩的话，而且还嘉奖了他。

林肯在一次演讲中，也提到过类似的道理。当时，美国社会有人提议以私刑处死罪犯也有利于社会安定。还说罪犯或被烧死，或被法律处死，他个人的结局其实都是一样的。但林肯坚决不同意，他说："人们今天心血来潮要把赌徒吊死或者把杀人犯烧死，他们应该记住，在这种不常有的混乱中，他们很可能把一个既不是赌徒也不是杀人犯的人当作赌徒或杀人犯吊死或者烧死，而明天的暴徒学他们的榜样，也很可能由于同样的错误而把他们之中的几个人吊死或烧死。不仅如此，无罪的人，那些坚决反对任何违法行为的人，却同有罪的人一样，在私刑的淫威下受害。这样逐步发展下去，最后就会把为保护个人生命财产安全而建立起来的全部堡垒摧毁，弃若敝履。而且这种行为还会助长怂恿追逐法外的不法之徒，同时使安分守法的好人彻底感到绝望。总之，暴民统治是对法律的摧毁。"

上述的私刑支持者只是看到它能够处死罪犯，林肯却全面地阐述了这种方法必然导致对法律社会的破坏。他的反推论证，可以说是精彩之极。这一论证捍卫了法律的正义和尊严，而且也是反推论证中不可多得的珍品。

[三　是非互推]

曾一度担任菲律宾外交部长的罗慕洛个子很矮，身高只有1.63米。第二次世界大战期间，他作为麦克阿瑟将军的副官与将军一起登陆雷伊泰岛。新闻报道说："麦克阿瑟将军在深及腰部的水中走上了岸，罗慕洛将军和他在一起。"一位专栏作家立即拍电报调查，他认为如果水深到麦克阿瑟将军的腰部，罗慕洛就要淹死了。在联合国开会辩论的时候，苏联外长维辛斯基甚至轻蔑地对他说："你不过是个小国家的小人罢了。"

但是，罗幕洛对高矮的问题的回答却是：我但愿生生世世为矮人。

确实，矮人自有矮人的天然优势。一般来说，矮小的人最开始总是被人轻视。但是这样的人一旦有所表现，别人就会觉得意外，他的成就也就显得分外出色。而且，身材矮的人往往不会摆身材魁梧的人的"威信"架子，往往比高大的人富有人情味。罗慕洛撰文说，历史上许多伟大的人物都是矮子。贝多芬和纳尔逊都只有1.63米，而德国诗人及哲学大师康德则只有1.52米。还有一位著名的矮人是拿破仑。历史上之所以有拿破仑的时代，完全是因为他矮小，所以要世人承认他真正是个伟大的人物。对于维辛斯基的攻击，罗慕洛当即引用了《圣经》的典故进行反击："此时此地，把真理之石向狂妄的巨人眉心掷去——使他们的行为有所检点，是矮子的责任。"

罗慕洛的反推确实很幽默，而且也很有道理。事实上，一个人有无用处，和个子大小本来无关，刻意强调也就成为世俗偏见，这是没有意义的。

可见，反推论证，既可从别人所认为的"非"，推出自以为的"是"。同样，也可以从别人以为的"是"，推出另一面的"非"。这也正是这类推理的妙处之所在。

管仲是春秋初期的齐国名相，他一生都很有智慧，办事从不含糊。在他病危期间，齐桓公曾向他推荐几个接班人，如易牙、开方和竖刁。这些都是桓公极为亲近的近臣，管仲认为都不可以。桓公感到很奇怪，问：

"易牙为了让我尝尝人肉的味道，把自己的儿子都杀了，这说明他尊敬我超过了爱他的儿子，这样好的人，难道还有什么可以怀疑的吗？"

管仲苦笑道："人们最疼爱的莫过于自己的儿女。易牙对自己最心爱的幼儿，竟能残忍地宰杀，难道对国君还会有什么真心吗？连人情也没有的人，千万不可用。"

接着，齐桓公又问："那么竖刁有什么可以怀疑的呢？他为了侍候我，把自己阉割了，他对寡人的忠诚不是超过了爱惜自己的身体吗？"

管仲说："人们最宝贵的是莫过于爱惜自己的身体，竖刁连自己的身体都不顾惜，难道还能对您尽忠吗？这种人决不能亲近。"

桓公感到管仲说的确实有些道理，于是又问："那么开方呢？他是卫国的公子，侍奉寡人已经十五年了，他父亲去世的时候，都不去奔丧，说明他侍奉我，超过对他自己的父亲，这又有什么可以怀疑呀？"

此时，管仲长长地叹了一口气，接着又说："人们最孝敬的莫过于自己的双亲，开方对于自己的双亲如此残忍，连死了也不去看看，难道对您还会尽心吗？他放弃千乘之国的太子地位，前来侍奉国君，可见他的野心比太子的地位更大，您可千万不能重用他，否则会给国家带来祸乱。"

对于齐桓公而言，他认为是对的，管仲恰恰相反，说是错的；他感到是可信的，管仲反倒认为是危险的。齐桓公觉得很遗憾，他不无责备地追问道："竖刁这伙人在我身边已经很久了，为什么仲父从前不说呢？"

管仲沉思了片刻，回答道："河岸的大堤可以挡住大水，不让它泛滥成灾。我管理政事好比大堤一样，多少能挡着他们一点，不让他们在您面前胡作非为。现在大堤要垮了，水就会泛滥成灾，所以您得当心啊！"

桓公只是点头不语，然而，他毕竟听不进管仲的忠告。管仲一死，即重用易牙、开方、竖刁三个佞臣，结果酿成了齐国的内乱。

[四 如此反诘]

屠格涅夫在他的代表作《罗亭》中写过这样一场争论：

什么都不相信的毕加索夫说："每一个人都在谈论自己的信念，还要别人尊重它……呸！"

罗亭："妙极了，那么照您这么说，就没有什么信念这类东西了？"

"没有，根本不存在。"

"您就是这样确信的吗？"

"天才！"

罗亭最后说："那么，您怎么说没有信念这种东西呢？您自己首先就是一个。"

上述的推论是以对方的立论反推，否定的因素同时也包含在肯定的因素之中。确实，坚信没有什么信念，本身就是一种信念，愈"坚信"，则信念越确定。罗亭几乎不费吹灰之力，就敲开了毕加索夫顽固的脑袋。

历史上，奴隶主一向把奴隶视为会说话的工具，拒绝承认奴隶是人。而且，他们还制定了许多奴隶不是人的法规。但是，著名废奴主义者弗雷德里克·道格拉斯指出：这些认为奴隶不是人的法规，自己却恰恰必须首先承认奴隶也是人。因为人们并没有用同样的法规去规定"街上的狗、空中的鸟、山上的牛、水中的鱼、地上的爬虫"，尽管它们都不是人。

弗雷德里克·道格拉斯这样的反诘，真可谓不战而屈人之兵。

有这样一个大学生，他很喜欢辩论。一次，他看见《人民日报》转载的法新社关于法国妓女游行的消息。有位向学说："看，连那样的事也敢发消息，这才是真正的新闻自由。如果中国也有妓女游行，敢报道吗？"这位朋友想了想，回答："我敢肯定，如果中国有妓女游行，一定报道！"一锤定音。

这样的两场辩论，结果都是一锤定音，这就运用了反推法。运用这种方式来进行辩论，恰恰是点出了让对方否定自己的一面，从而也赢得了辩论的胜利。

06
逻辑应用

[一　复杂的逻辑关系]

邀请任意一位漂亮姑娘吃饭而又使她无法拒绝，这在大多数人看来都非易事。但美国滑稽大师马丁·格登纳在这方面却有绝招。他根据哈佛大学数学教授贝克先生告诉他的计策，成功地邀请了一位年轻姑娘和他一起吃了顿很好的晚饭。

在发出邀请前，格登纳首先对这位年轻姑娘说："我有三个问题。每个问题请你给我肯定或者否定的回答。第一个问题是：你愿意如实回答我的下面两个问题吗？

"愿意。"姑娘微笑地点点头。

"很好，"格登纳继续说道，我的第二个问题是，"如果我的第三个问题是'你愿意和我一道吃晚饭吗？'那么，你对这两个问题的答案是不是一致的呢？"

此时，这个可怜的姑娘不知如何回答是好，因为格登纳的第二个问题和第三个问题构成了逻辑学上所说的条件联系，无论那姑娘怎样回答第二个问题，她对第三个问题的问答都是肯定的。

这里所谓的条件联系是指两件事物的存在彼此有一种依赖关系，例如，甲：假如这次给我涨工资，今后一定好好干。乙：假如你以前好好干，这次一定会涨工资。那么，究竟今后好好干依赖于现在涨工资，还是现在涨工资依据于以前好好干？不同的人会把它构成不同的条件联系，这一正一反，意思却截然相反。

然而，并非所有的事情都有条件联系，如果偏要把它们扯在一起，那势必会很尴尬。

米芾是宋代著名书画家，他性情潇洒、倜傥不羁，好诙谐、善幽默。年轻时，他曾做过县官。据说，有一年，天旱不下雨、蝗虫为灾，他下令全县百姓大力捕杀，当时邻县也正在闹蝗灾，该县县官非但不组织人力捕蝗，反而以为是米芾搞鬼，把蝗虫驱逐到他的县境里，于是行文责问。米芾提笔在上面题了一首打油诗把原文退回，诗是这样写的：

"蝗虫本是天灾，不由人力排挤；若是敝邑遣去，却烦贵县发来。"

本来是自然灾害，但邻县的县官却要责怪米芾，可见他完全是无理取闹，而米芾的回答也显示出了他的奇妙的应对技巧。

明朝《五杂俎》中有一则故事叫作《死后佳》，说的是：

宋代的叶衡罢相归，日与布衣饮甚欢，一日不怡，问诸客曰："某且死，但未知死后佳否？"一姓金士人曰："甚佳。"叶惊问曰："何以知之？"士人曰："使死而不佳，死者皆逃归矣。一死不返，是以知其佳也。"满座皆笑。

一般来说，死后无论佳否，死者都不可能逃回人间，一死不返而知其佳，这二者并不构成条件联系。生死之间，毕竟不同于叶衡君罢相为民，愿意也罢，不愿意也罢，一迈过门槛，是半点也由不得自己了。金士人的高妙在于他用一个不是条件联系的"条件联系"，回答了一个不是问题的"问题"。

[二　蕴含怪论]

有个男子在某酒吧坐着。突然，他朝桌子猛捶几拳，说道："给……给……我来杯酒，给……给……人人都来杯酒，因……为我一喝酒，人人都……都喝酒！"于是举座皆欢，各饮一杯。过了一阵，那汉子又说："给……给……我再来杯酒，给……给……人人都再来杯酒，因……为我一喝二杯酒，人人都喝二杯酒！"于是举座皆欢，各饮二杯。刚一喝完，那汉子走到柜台猛地扔下几块钱，说道："人人都……都……都付款！"

"我一喝酒，人人都喝酒。"这一直被认为是一句醉汉在酒后吐出的胡言，可是逻辑却会让你大吃一惊的。

事实上，条件联系在某些逻辑上称为蕴含关系。如果天下雨，那么地一定会湿，然而天不下雨，地会不会湿呢？即前面条件假时，后由的结论是否一定是真？这就很难确定。

中国的逻辑学家都对这个问题进行了深入的研究，然而，他们一直也没有找到一个解决问题的方法，最后只能用一种漏洞百出的方式来进行妥协：假命题蕴涵任何命题，即前面条件假时，后面的结论无论是什么，整个蕴涵关系都是真的。这就是逻辑上所说的"蕴涵怪论"。

根据这样的推理，"我一喝酒，人人都渴酒"这句话看来是彻头彻尾的疯话却被逻辑看作真话。"人人喝酒"这话或者真或者不真，假定"人人喝酒"真，再任取一人即我，既然人人都喝酒，我自然也喝酒，那么"如果我一喝酒，人人都喝酒"是真的。假定"人人喝酒"假，那么至少有一个人不喝酒。我不喝酒，那么"我一喝酒，人人都喝酒"也真，因为我喝酒是假的，而假命题却蕴涵了任何命题！

当斯穆里安和哲学家约翰·培根聊天时，这个问题就冒出了一种很有戏剧性的样式：证明地球上有一个女子，如果她不再能生育，全人类就要渐趋灭亡。

"蕴涵怪论"的出现充分说明了逻辑上的"蕴涵关系"与我们现实中的"条件联系"是有一定的区别的。这些区别的一个主要特点就是，现实中的条件联系必须是前后二者彼此有依赖关系，而蕴涵关系却不需要有这种关系。

如果二乘以二等于四，那么纽约是个大城市。显然它们不是一种条件联系，却是一种蕴涵关系。

据说，当著名逻辑学家罗素告诉一位哲学家假命题蕴涵任何命题后，那位哲学家感到很震惊，他说："尊意莫非由2加2等于5能推出你是教皇？"罗素答曰："正是。"哲学家问："你能证明这一点么？"罗素答："当然能。"他立刻发明了下面这个证明：

（1）假定2+2＝5；

（2）由等式两侧减去2，得出2＝3；

（3）易位后得出3＝2；

（4）由两侧减去1，得出2＝1。

请看：教皇与我是二人。既然2等于1，教皇与我是一人。因此我是教皇。

发明这种证明自然是罗素和哲学家开了个玩笑，但是假命题蕴涵了任何命题却不是开玩笑的！

[三 假言辩论]

假言论证之所以具有奇辩的力量，一个主要的原因是它具有很大的灵活性。由于着眼于事物的条件关系，我们可以在任何适当的时候以假设的方式突然地提出命题，在对手猝不及防的情况下阐明理由的必然性。

据说，北宋文学大家苏东坡，与镇江金山寺住持佛印和尚交情很好，而且两人相处丝毫不拘谨，人称"忘形交"。一日，佛印正在禅堂讲经，见东坡随便擅入，故意问道："居士何来？此间无坐处。"

东坡不以为然，反用佛家语相答："借和尚四天（指佛印身体）做禅床。"

佛印不禁笑着说："山僧有一问，居士若随口答出，便有座；若稍有迟疑，即解腰间玉带。"

东坡自恃很有才华，就欣然同意了。

于是佛印问："出家人以为，世间万物皆虑有其表，其实乃空，正所谓：四大皆空，五蕴非有，就是贫僧这躯体也是虑幻渺茫之物，居士以何为座呀？"

顿时，东坡哑口无言。

佛印则急忙叫小和尚说："收此玉带，永镇山门。"并回赠东坡一领旧袈裟，那意思是：你别班门弄斧了，还是跟我学参禅吧。东坡玉带至今还保存在金山寺。

我们整理佛印的论证如下：

要是你认同佛家理论，那么，必须持守"四大皆空，五蕴非有"。

要是你坚持"四大皆空，五蕴非有"，那么，贫僧的躯体是无以为座的。

所以，如果你认同佛家理论，那么，贫僧之躯体是无以为座的。

东坡先生运用了佛家语作答，但毕竟是个世俗之人，就难免是班门弄斧。其实，倘若东坡果然真心持拂到家，也不见得应答不上。比如既是"四大皆空，五蕴非有"，东坡的躯体也是虎幻渺茫之物。以空恃空，空灵之上仍是空灵，又有何处不可坐呢？只是情急之中，俗家头脑没转过弯来。

对于以上的这场斗智，佛印其实是胜在突然，是胜在出其不意。

而且，这种假有设辩的突然性，有时竟也会使辩论者绝处逢生，反败为胜。

通过历史的记载，我们可以了解到，中世纪的欧洲是一个非常虚伪的社会。

一次，一个阿拉伯青年使者出访欧洲某国，他带去了大批的礼物，同样也受到了隆重的接待。国王和王后还专门为青年使者举行盛大宴会。不料，就是这次宴会，几乎要了青年人的命。因为他当着国王的面，将烧鱼翻了个背。该国法律规定，不能当着国王的面，翻动一切，违者必被处死，即使显贵如王公国宾也不例外。

在大臣们的强烈要求下，国王宣布要维护法律。但他还是讪讪地告诉青年人，为表示歉意，允许他提一个要求，任何与该法规无关的要求都将得到满足。

此时，青年人反倒镇静了下来，说："我只有一个要求，谁若看见我刚才做什么，就请挖掉他的眼睛！"

这样一来，弄得国王眼前一愣，首先以耶酥的名义起誓自己一无所见。接着是王后，她是以圣母马利亚的名义……人群出现混乱，大臣们个个争先恐后地以圣保罗、摩西等圣徒的名义起誓否认。

这样，怪事出现了，谁都没见过那青年人翻动过烧鱼。

青年人也以自己的机智，消弭了一场杀身之祸。

国王的许诺在先，青年的假言设辩在后，姜太公钓鱼，愿者上钩。在突如其来的反击下，满朝君臣竟然一筹莫展，活现出愚蠢和虚伪的丑态。这便是假言设辩的突然性，也是假言设辩的高妙之处。

07
巧用辩论中的可能性

[一　有两种选择的巧辩]

任何问题都不可能局限于一种选择。有个故事说，星期天，牧师对信徒们说："希望到天国去的人，请起立！"除了前排的一位少女，大家全站了起来。"好。"牧师让大家坐下，然后又问道："希望到地狱去的人，请起立！"这次没有一个人站起来，于是牧师走近那位少女身旁，诧异地问："你究竟希望到哪儿去呢？"少女答道："只要留在这儿！"

牧师确实没想到还有另一种选择："留在这儿！"

还有一个律师，他的妻子突然患了病。他急忙跑去请来一位医生。医生知道，这位律师拒不付账是出了名的，因此，在跨进病人的房门前，他对律师说："我担心看完病以后，您不会付钱给我。"律师立即从身上掏出一张支票，说："这里是500英镑。无论您救活了她，还是医死了她，我都将如数付给您。"医生这才放心进去。

显然医生是尽了全力抢救。但是，病人还是死了。医生表示了歉意，然后要求付急救酬金。"我的妻子是您医死的吗？"律师问。"当然不是，我的诊断和用药都没有错。"医生说。"那么您把她救活了吗？"律师又问。"这不可能，她的病情实在太重了。""那就对啦。既然您没有把她救活，也没有把她医死，我就什么也不用付给您了。"律师说。

事实上，医生抢救病人，本来就有好多的意外，有医死的可能，也有救活的可能，还有一种可能是医生尽力抢救们实在因病情过重而无力回天，律师却只问了两种可能情况，然后就拒付急救酬金，显然是故意赖账。

所以，在辩论中一定呀注意到选择的多种可能性。而萧伯纳显然是深谙此道的。

大戏剧家萧伯纳很早就名声大噪。美同著名的舞蹈家邓肯有一次写信给他，说："假如我们两人结婚，生下的孩子头脑像你，面孔像我，该有多好哟。"

萧伯纳接到信，笑了笑，一本正经地给她回了一封信："要是生的孩子，头脑像你，面孔像我，岂不是糟透了？！"

显然，女演员的想象太美好、太乐观了。而萧伯纳又太往坏处想了！但是这又是一种可能的选择。

著名钢琴家鲁滨斯坦也曾经巧妙地运用选择的可能性来展现他对艺术的独特感受。有一次，鲁滨斯坦应邀来考核巴黎音乐学院钢琴系的学生。考核分数被限定在零至二十分之间。

出人意料的是，在这次考核中，鲁滨斯坦给予每名学生的分数或是满分20分，或是0分。

人们不解地问鲁滨斯坦为什么会这样，他答道："呵，是这样，他们或者能弹钢琴，或者不能！"

确实，能与不能是质的区别，而能到什么程度也有个量的问题,这是人人皆知的道理,鲁滨斯坦自然不会不明白。他的真正意思是，作为钢琴系的学生，要么不弹；要弹，只能对自己有最高的要求，达到最高的艺术境界，这该是多大的鞭策与激励呀！

[二 选言中的诡辩]

在柏拉图的《理想国》中，他描写了一次苏格拉底（以下简称苏）和玻勒马霍斯（以下简称玻）的对话，一次来说明正义与技术的对应。

苏：下棋的时候，一个好而有用的伙伴，是正义者还是下棋能手呢？

玻：下棋能手。

苏：在砌砖盖瓦的事情上，正义的人当伙伴，是不是比瓦匠当伙伴更好、更有用呢？

玻：当然不是。

于是，苏格拉底得出结论：人们并不喜欢正义。

在这段辩论中，苏格拉底在设立选言大前提时就很有问题。他要玻勒马霍斯从一无所长的正义者与毫无正义的技匠二者之间做出选择，故意隐瞒了其他的可能性。而实际上正义者与技匠的可能组合有四种：

（1）正义者然而不是技匠。

（2）非正义然而是技匠。

（3）正义且又是技匠。

（4）非正义且又非技匠。

正是因为苏格拉底遗漏了后面的两种可能性，所以，这样的命题就很难得出正确的结论。

当然，在辩论中，故意遗漏选言也可能造成奇特而又具有诡辩性的效果。

1975，"四人帮"成员之一的张春桥，在一次和外宾的谈话中说：

"一个是培养有资产阶级觉悟、有文化的剥削者、精神贵族，一个是培养有觉悟的、没有文化的劳动者，你说要什么人？我宁要一个没有文化的劳动者，而不要一个有文化的剥削者、精神贵族。"

这也正是"宁要没有文化的劳动者，不要有文化的剥削者、精神贵族"这一臭名昭著的"公式"的由来。

在张春桥的整段鬼话里，其实包含了一个否定肯定式的选言论证，那就是或者培养没有文化的劳动者，或者是培养有文化的剥削者、精神贵族，我们不能培养有文化的剥削者。

这是典型的诡辩，因为把有没有文化这一对概念和劳动者、剥削者另一对概念进行逻辑组合，应该得出四个不同的选言肢，即：（1）有文化的劳动者；（2）没有文化的劳动者；（3）有文化的剥削者；（4）没有文化的剥削者。张春桥别有用心地抛开了其中的两个选言肢，抛出"没有文化的劳动者"和"有文化的剥削者"这两个选言肢让你挑选。既然必须否定后者，那就应该肯定前者，就要把"没有文化的劳动者"作为我们的培养目标了。由于我们所要选择的第一个选言肢被隐藏了，因此从这个选言肢不穷尽的选言前提出发，就得不出正确的结论。

在"文化大革命"那段混乱的日子里，这样的"公式"很多。所谓"宁要社会主义的草，不要资本主义的苗"，"宁要社会主义的低速度，不要资本主义的高速度"，它们在辩论手法上都有着异曲同工之"妙"。

在真正的、公平的辩论中，如果对方利用遗漏选言肢进行诡辩，应该明确予以破斥，指出其他存在的可能性，这才能充分证明辩论的合理性。

例如，在林肯和道格拉斯关于奴隶制的辩论中，道格拉斯攻击人们希望给黑人以人的平等权利。他说这就意味着要和黑人一起生活，一起吃，一起睡，要和黑人结婚，否则就是不可理解的。林肯回答：

"我反对这种骗人的逻辑，说什么我不想要一个黑人女人做奴隶，就一定是想要娶她做妻子。两者我都不要，我可以听凭她自便。在某些方面她当然和我不同，但是就她吃以自己双手挣来的面包而不必征求任何人同意这个天赋权利来说，她却和我是相同的，也是和其他所有人相同的。"（林肯1857年6月在伊利诺斯州的演说。）

这是一篇义正辞严的反驳，它彻底戳穿了道格拉斯所玩弄的把戏。"不想要一个黑人女人做奴隶，就一定是想要她做妻子。"这不是够荒谬的吗？现实的其他选择多得很！林肯嘲笑如果道格拉斯和他的朋友真的害怕他们竟会因废奴而非得娶黑人为妻，那完全可以专门设立一条法律保护他们，使他们免于通婚。真是以其人之道还治其人自身，竭尽辛辣讽刺之能事。

[三 刘备的智慧]

在《三国演义》第二十一回中，曹操邀请刘备做客，青梅煮酒，席间便有一段有趣的故事。

酒至半酣，忽阴云漠漠，骤雨将至。从人遥指天外龙挂，操与玄德凭栏观之。操曰："使君知龙之变化否？"玄德曰："未知其详。"操曰："龙能大能小，能升能隐：大则兴云吐雾，小则隐介藏形；升则飞腾于宇宙之间，隐则潜伏于波涛之内。方今春深，龙乘时变化，犹人得志而纵横四海。龙之为物，可比世之英雄。玄德久历四方，必知当世英雄。请试指言之。"玄德曰："备肉眼安识英雄？"操曰："休得过谦。"玄德曰："备叨恩庇，得仕于朝。天下英雄，实有未知。"操曰："既不识其面，亦闻其名。"

玄德曰："淮南袁术，兵粮足备，可为英雄？"

操笑曰："冢中枯骨，吾早晚必擒之。"

玄德曰："河北袁绍，四世三公，门多故吏；今虎踞冀州之地，部下能事者极多。可为英雄？"

操笑曰："袁绍色厉胆薄，好谋无断；干大事而惜身，见小利而忘命，非英雄也。"

玄德曰："有一人名称八俊，威镇九州——刘景升可为英雄？"

操曰："刘表虚名无实，非英雄也。"

玄德曰："有一人血气方刚，江东领袖——孙伯符乃英雄也？"

操曰："孙策藉父之名，非英雄也。"

玄德曰："益州刘季玉，可为英雄乎？"

操曰："刘璋虽系宗室，乃守户之犬耳，何足为英雄！"

玄德曰："如张绣、张鲁、韩遂等辈皆何如？"

操鼓掌大笑曰："此等碌碌小人，何足挂齿！"

玄德曰："舍此之外，备实不知。"

操曰："夫英雄者，胸怀大志，腹有良谋，有包藏宇宙之机，吞吐天地之志者也。"

玄德曰："谁能当之？"

操以手指玄德，后自指，曰："今天下英雄，唯使君与操耳。"

玄德闻言，吃了一惊，手中所执匙箸，不觉落于地下。

这是历来被后人称道的智慧故事。曹操自以为英雄，又害怕刘备夺了自己的江山，一向只是以心相待，今番却偏要追个水落石出。刘备虽非等闲之辈，然而，"勉从虎穴暂趋身"，为防曹操谋害，学圃浇园，尤恐躲之不及，安敢漫称英雄，所以只是一味装呆卖傻。

这样就造成了一方虚与周旋，穷尽天下人物；一方设伏已定，逐渐收网待获的步步推进的结局。在逐一排除了虚名之辈后，直言相断："今天下英雄，唯使君与操耳！"刘备半晌装呆，虽有准备，今被一语道破，也不免大惊失态，"手中所执匙箸，不觉落于地下"。后来若不是"巧借闻雷来掩饰"，局面就不可收场了。由此可见曹操选言论证之厉害。这就是选言论证的奇辩力量。

第六章

舌辩之二十六策

01
假痴不癫

假痴不癫就是我们平时所说的"装疯卖傻""装聋作哑"。在日常生活中，人们为了回避某种矛盾，或者渡过某种危难，或者为了对付某个势力强大的敌手，在一定时期内，故意装作愚笨、痴傻，行"韬光养晦"之计，以求保全自己，等待时机，战胜对手。

假痴不癫用在舌辩上，是指对对方所说的话或所做的事故意装作不懂或不了解的样子，或以问为借口，提出尖锐的问题，以便对方继续往深层发展，伺机抓住对方破绽反戈一击；或偏离对方的话题，岔开对方的追问，用出乎意料或莫名其妙的话语来回答对方，达到折服对手的目的。

[一 巧救马夫]

春秋时期，齐景公的一匹爱马突然暴病而死，景公得知后，非常生气，命令手下人当场肢解马夫。满朝文武官员对此决定都表示不满。景公大怒，厉声喝道："谁敢为他辩护格杀勿论。"但是，齐相晏子对于景公这种无端杀人的行为实在看不顺眼。为了解救马夫，劝谏景公，他急中生智，走上前去左手一把揪住马夫的头，右手举起刀，抬头问景公道："大王，在动手之前，我有个问题想向您请教，古代尧帝舜帝这些贤明的君主肢解人体时，是从哪个部位开始下刀的？"

景公是个聪明人，他知道晏子这么说，是在讽刺自己暴虐无道，旨在提醒自己要学习尧帝舜帝，当个贤明的君主。于是，他面带愧色地挥挥手道：

"相国，别说了，我不肢解他就是了。"

俗话说，"人言可杀人，亦可救人。"这句话在这个例子中可以说是得到了充分的证实。

[二　处士郑涉]

唐代的刘玄佐曾经镇守汴州。有一次，他因听信谗言而要将手下的将领翟行恭杀掉。其他手下敢怒而不敢言，竟然无人敢上前劝谏他。

当时，有个叫郑涉的处士为人诙谐，善讲隐语，好打抱不平，闻知此事后，他便去求见刘玄佐，说："听说翟行恭将要被处以死刑，请让我在其死后看看他的尸体。"

刘玄佐觉得奇怪，便问为什么。郑涉回答道："据说蒙冤而死的人，脸上表情非常奇异，我平生从未见过，所以很想见识见识。"

刘玄佐立即明白了郑涉话中的意思，是叫自己不要滥杀无辜，于是他赦免了翟行恭。

郑涉为了救翟行恭性命，假装糊涂，使用假痴不颠的策略说服了刘玄佐，赦免了翟行恭。可见他的这招装疯卖傻确实高明。

[三　到人猿为止]

一天，一个自大的银行家问俄罗斯大诗人普希金："听说你有四分之一的黑人血统，果真如此吗？"

"我想是这样。"普希金回答说。

"那令尊呢？"

"一半黑人血统。"

"令祖呢？"

"全黑。"

"请问，令曾祖呢？"

"人猿。"普希金镇定地说。

"阁下可真是会开玩笑，这怎么可能呢？"

"真的，是人猿，"普希金淡然地说。

"我的家族从人猿开始，而你的家族到人猿为止。"

在这一段辩论中，普希金用极其平淡的语气掩饰了自己的真实目的，在麻痹了银行家后，反守为攻，突然出击，使对方在猝不及防的情况下陷入困境。从中可见普希金的智慧。

[四　倒看英文]

留着小辫子的辜鸿铭先生一直是学术界的一个传奇人物。有一天，他穿着长袍马褂，一边坐在汽车的座位上，一边欣赏窗外的风景。过了一会儿，车上来了几个年轻的外国人，望着辜老先生评头论足，很是不恭。他们说的是英文，以为辜老先生听不懂。

这时，辜老先生不动声色地从怀里掏出一份英文报纸从容地看起来。那几个洋人，伸长脖子一看，不禁笑得前仰后合，连声用英文嚷道：

"看这个白痴，不懂英文还要看报，把报纸都拿倒了。"

等他们嚷嚷够了，笑完了之后，辜老先生用流利纯正的英语说道：

"英文这玩意儿实在是再简单不过了，不倒过来看，还真没意思。"

听了辜老先生的话，几个洋人面面相觑，接着就讪讪地离开了。

所谓真人不露相。辜鸿铭先生在外国人的嘲笑面前，依旧能保持沉着冷静并出口不凡地回击了洋人，可见他肚量之大和智慧之高。

02
指桑骂槐

指桑骂槐，是指表面上说某个东西或某个人，实际上在骂对方。如果运用到军事上，它就会转化成"惩一戒百""杀鸡骇猴"的谋略。在辩论时采取指桑骂槐法，可以达到间接对别人进行批评、指责的目的。此法如运用得当，尽管所骂言辞犀利，但由于没有直接骂对方，不投敌以话柄，定可起到进退有据、攻守自如的效果。

指桑骂槐法是通过骂其他的人或事达到骂论敌的目的，因此，选择一个与论敌有一定联系的"桑树"是十分重要的。如果桑与槐风牛马不相及，那就白骂一场了。

[一 反复无常的共生体鱼]

很久以前，一个渔夫捕到了一条色泽艳丽、鳞光绚烂的鱼。看着这条他捕了一辈子鱼也没见过的珍稀鱼类，他想："若是拿到市场上去卖，也多卖不了几个钱，那多可惜！不如进宫奉献给国王，他见了喜欢，可能给我赏赐。"

于是，渔夫把这条鱼献给了国王，国王得到鱼后喜出望外，随即下令赏赐渔夫一百枚金币。这时，国王的宠臣走来，见国王如此慷慨，便贴在国王耳边窃窃私语：

"噢，陛下！为了这样一条鱼付出一百枚金币，太不值了！"

"话既出口，不好收回！"国王低声对大臣说。

"这好办。"大臣接着说。

"请陛下询问渔夫：这鱼是公的还是母的。他若说是公的，您就说需要母的；他要说是母的，您就说需要公的。不管怎么说，您总可以赖账！"

国王听了很高兴，便问渔夫：

"这鱼是公的还是母的？"

而聪明的渔夫则回答说：

"哎，陛下，这是一条反复无常的共生体鱼！"

渔夫的回答可谓是令人叹为观止，他的回答就运用了"指桑骂槐"法。他表面上说的是"反复无常的共生体鱼"，实际上却是骂国王"反复无常"。他既骂了国王，又让国王无话可说。

[二　狗和猪为何知道]

有一个有钱人捐了一千卢布给拉比用于教区建设。第二天，便有丧葬公司的一个代表小组出现在拉比身边。他们要求拉比把那一千卢布用来修理教区公墓，并强调说，不然的话，狗和猪就会跑进公墓，把墓地毁了。

"知道了。"拉比说道，"只是有一点我不明白：狗和猪为何这么快就知道了有这一千卢布捐款呢？"

拉比的这一回答巧妙地运用了"指桑骂槐"的手法，可以说是入木三分、绝顶妙极！

[三　杯酒释兵权]

宋太祖赵匡胤通过发动兵变而黄袍加身。建国没多久，他就问枢密直学士赵普："从唐末以来，几十年间，换了十几个皇帝，征战不息，其原因何在？"

赵普回答说："是因为藩镇的势力太强大了，皇帝势弱而臣子势强，自然无法控制局面。今天只有稍微削减他们的权力，控制他们的钱粮，收编他们的军队，天下自然就会安定。"

赵普的话还没说完，太祖就说："爱卿不必再说了，我已经知道。"正是君臣间的这段对话有了后来著名的"杯酒释兵权"。有一天，太祖和手下大将石守信等人饮酒，酒酣耳热之际，命令左右伺候的人退下，对他们说：

"我如果不依靠你们的力量，不可能有今天的金殿龙袍，我将永远铭记你们的恩德，每时每刻都不忘记。然而做天子也太艰难了，远不如当节度使快乐。我现在整夜不安枕啊！"

石守信等人问："为什么呢？"太祖说："道理很简单，天子的位置，谁不想坐呢？没准哪一天，我赵匡胤就被人给干掉了。"

石守信等感到十分惶恐，连忙向太祖叩头说："陛下为什么说出这样的话呢？"

太祖说："不是这样吗？你们虽然没有这个野心，但你们手下的人想富贵啊！一旦他们将皇袍给你们穿上，你们就是想不做皇帝，也是不可能的了。"

石守信等人都叩头哭泣道："我们虽愚蠢之至，还未到这种地步，只求陛下怜悯我们，给我们指出一条生路。"

太祖趁势说："人生短暂，如白驹过隙。想求富贵的人，不过多得些金钱，使自己优裕享乐，使子孙不受贫乏之苦。你们何不放弃兵权，选择些好田宅买下来，为子孙创立永久的产业，多多购置一些歌姬舞女，成天饮酒作乐，以终天年。我们君臣之间也免去互相猜忌怀疑，不也很好吗？"

石守信等人集体拜谢太祖说："陛下能替臣等考虑得这般周到细致，这真是再生之恩啊！"

第二天，石守信等这些开国大臣都以自己有病，无法继续任职为由，请求太祖解除他们的兵权。这样，军事大权便集中到宋太祖一个人手中去了。

在历史上，宋太祖运用的就是"指桑骂槐"法，他表面言语是劝石守信等大将享福，实际意思却是要夺取他们的兵权，石守信等害怕"狡兔死，走狗烹；飞鸟尽，良弓藏；敌国灭，谋臣亡"的悲剧故事重演，便急急忙忙答应了太祖的要求。这样，宋太祖集军政大权于一身，应该可以高枕无忧了。总的来说，宋太祖"杯酒释兵权"，比起他以前的汉高祖刘邦和他以后的明太祖朱元璋的滥杀功臣，还是多了几分人性，少了几分野蛮，这样的做法是值得史家赞许的。

［四 六眼龟］

一天，苏东坡去拜见丞相吕微仲，吕微仲正在睡觉，半天没有出来见他，苏东坡心里很不高兴。过了许久，吕微仲才出来。

吕家的一只盆里养了只绿毛龟，苏东坡指着绿毛龟，对吕微仲说："这样的龟普通得很，很容易找到；如果是六眼龟，那就很难得到了。"

吕微仲问："你说的这种六眼龟出在什么地方？"

苏东坡回答说："以前，后唐庄宗的同光年间，林邑国曾经进贡过一只六眼龟。当时，有个叫敬新磨的戏子在大殿下当场编了一段顺口溜：'不要闹，不要闹，听取这龟儿口号，六只眼儿，分明睡一觉，抵别人三觉'。"

苏轼这一招骂人可谓火候得当，很有分寸。骂人时确实要做到该留情还是留情，不该留情绝对不留情。

03
以退为进

所谓以退为进是指用退让的手段达到进攻的目的。在与人辩论时，必须审时度势，把握进退，当形势对我方极为不利时，即可采用以退为进的方法。

运用这种策略就必须注意，不要一味退让，而是要退中有进，柔中含刚，这样才能达到克敌制胜的目的。

［一 烤肉上的头发］

有一次，梁惠王在吃烤肉时，发现了肉上缠绕着几根头发，于是他勃然大怒，唤来烤肉的厨子，并厉声问道这是怎么回事？厨子知道，烤肉上边有头发是对惠王的大不敬，倘若是自己的失职，就可能被处死。厨子到文公面前，连忙认罪。说道：

"小的该死，小的罪有三条：第一，小的切肉的刀锋利得就像宝剑一样，肉被切断，却没有切断肉外边的头发；第二，小的用铁钎串起来烤，反复翻动，却没有发现有头发；第三，肉被火烤得赤红，最后被烤熟，可是缠在肉外边的头发却没有被烤焦。小的心想，所以如此，是不是有人陷害小的呢？"

惠王听了厨子的申辩后，恍然大悟，并派人调查事实的真相。最后，果然发现有人在陷害厨子。

惠王是握有生杀予夺之权的专制君主，而厨子则是任人宰割的奴仆。在强者面前，弱者一旦言行不谨，就很容易招来杀身之祸。在此形势下，厨子巧妙地运用了以退为进的策略，救了自己一命。

[二　最佳搭档]

德国的末代皇帝威廉二世很喜欢吹牛。有一次，他到英国访问，公然声称自己是唯一对英国友善的德国人，因为有他，英国人才不至于被苏俄和法国所糟蹋；也是由于他，英国才打败了南非的波尔人。这样一些令人难以置信的话，竟出自一位皇帝之口，欧洲各国议论纷纷，英国人尤其愤怒。德国的政治家们惊慌失措，不知如何是好。

威廉二世后来也意识到了自己所犯的错误，但又没有勇气承认，于是他找来大臣布罗亲王，想让他做自己的替罪羊。他授意布罗亲王：是他建议皇帝说了那些荒唐的话。布罗亲王当然难以接受威廉二世的授意。皇帝为此大为恼火。

为了说服皇帝，聪明的布罗亲王调整了策略，他对皇帝说："微臣没有资格说刚才的话。陛下在许多方面的成就，臣都不敢望其项背。军事知识如此，自然科学的知识也如此。臣曾听过陛下谈论晴雨表、无线电和X光，而我在这方面几乎一无所知。"布罗亲王继续说，"但是，臣正好有些历史方面的知识，这可能对政治有些用途，尤其是外交政策。"

正是这几句虚心恭维的话，使德皇转怒为喜，并笑着安抚亲王说："老天！我不是常告诉你，咱们是最佳搭档，互补有无吗？我们应该永远在一起，我们会的！"

确实，当我们要对付傲慢自负的人时，不妨学学布罗亲王的做法。

[三　麦子、菜籽和苗子]

凯升是20世纪三四十年代美国的一个政界要人。他第一次在众议院里发表演讲时，打扮得土里土气，因为他刚从西部乡间赶来。一个议员挖苦道：

"这个伊利诺斯州的人，口袋里一定装满了麦子呢。"

这句话引起在场的议员们哄堂大笑。凯升并没有因此怯场，而是坦诚地回答道："是的，我不仅口袋里装满了麦子，而且头发里还藏着许多菜籽呢。我们住在西部的人多数是土里土气，不过我们虽然藏的是麦子和菜籽，却能长出很好的苗子来！"

这句话立刻使凯升的大名传遍全国。

凯升在这里用的就是"以退为进法"。他先退一步，承认自己的弱点，接着话锋一转，指出这一弱点中隐含的长处，言外之意无非是我凯升也将是政坛的一棵好苗子。

04
前车之鉴

鉴本来是指古代的铜镜，后来引申为教训。前车之鉴是指前面的车子翻了，后面的车子可以引以为鉴。比喻先前的失败，可作其后的教训。

在辩论中强调前车之鉴就是让我们运用史事来加强自己辩论的力量。熟悉历史，于人可以知得失，于国可以知兴亡，小到立身，大到治国，历史都是一面镜子。因此，在辩说中恰当运用前车之鉴法，援引历史的经验和教训作为论据，不仅会使你的话语变得生动有趣，而且还将极大地增强言论的说服力。

[一　范雎谏秦王]

范雎是战国时期魏国人，他满腹经纶却总是得不到本国王公大臣赏识。于是，他偷偷跑到秦国，想在那里干一番出人头地的大事业。

范雎跑到了秦国后，极力亲近秦王，并得到了秦王的宠幸和任用。一次，他游说秦王说："我在山东时，只听说齐国有孟尝君，没听说齐国有齐王；只听说秦国有太后、穰侯、华阳君、高陵君、泾阳君，没听说秦国有秦王。独揽国家大权才叫作王，能够兴利除害才叫作王，拥有控制死生的威势才叫作王。现在太后独断独行，毫无顾忌；穰侯出使外国不向大王报告，华阳君等任免、处罚官吏不向大王请示。有此四人专权弄国，而国家不危亡，是不可能的事。大王身居四位贵戚之下，所以人们不知道秦国有国王，这样一来政权怎能不旁落，政令怎能由大王发布呢？我听说关于治理国家的，就是对内巩固自己的威信，对外发号施令，在天下缔结盟约，征伐敌国，没有谁敢不听从。

现在穰侯操纵着国家的大权，国内政治、对外攻伐，没有哪个不听他的。战争胜利，攻有所得，那么利益就归于他的私邑，国家的困难则转嫁于各诸侯国；战争失败就跟百姓结下怨仇，而灾祸归于社稷。有首诗说："果实太多就会压折树枝，压折树枝就会伤害果树的主干；扩大了都城就会危害它的国家，尊崇了它的臣子就会使它的君主卑微。'当年崔杼、淖齿掌管齐国的时候，崔杼射伤齐庄公的大腿，淖齿抽掉闵王的筋骨，把他悬挂在庙堂的横梁上，很快就死了。李兑掌管赵国的时候，把赵王囚禁在沙丘，百天后就饿死了。而今我听说秦太后和穰侯当权，高陵君、华阳君和泾阳君辅佐他们，终究会取代秦王，这些人也是淖齿、李兑的同类啊。再说夏、商、周三代之所以灭亡的原因，就是因为君主把政权完全授予臣下，自己放任喝酒，骑马打猎，不理政事。而君主所授权的人，嫉妒贤能的人，凌辱下属，蒙蔽主上，以便达到他们的个人目的，他们不替君主着想，而君主又不能觉察、醒悟，所以丧失了他的国家。现在上至大夫，下到一般官吏，以及大王左右的侍从，没有不是相国的人。眼看大王在朝廷很孤立，我私下替大王害怕，千秋万代以后，占有秦国的恐怕不是大王的子孙了。"秦昭王听了这话大为恐惧，说："先生说得对。"于是废弃了太后，把穰侯、高陵君、华阳君和泾阳君驱逐到关外。

范雎对秦王的这一系列劝说就运用了前车之鉴法。他指出崔杼、淖齿、李兑等乱国乱君的史事，以警醒秦昭王，必须将王权掌控在自己手中，否则，后患无穷。秦昭王接受了范雎的劝告，也终成一代明君。

［二 为什么要抢先造出原子弹］

1937年10月11日，罗斯福总统的私人顾问亚历山大·萨克斯受到爱因斯坦等科学家的委托，在白宫与罗斯福进行了一次会谈。会谈的主要目的是，要求总统重视原子能的研究，并抢在德国之前造出原子弹。

萨克斯先向罗斯福呈上了爱因斯坦的长信，接着朗读了科学家们关于发现核裂变的备忘录。然而，总统对这些枯燥、深奥的科学论述不感兴趣。虽然萨克斯竭尽全力地劝说总统，但罗斯福在最后还是说了一句：

"这些都很有趣，不过政府若在现阶段干预此事，似乎为时过早。"

第一次交谈，萨克斯失败了。

第二天，罗斯福邀请萨克斯共进早餐。萨克斯决定利用这个机会再尝试一次。

两人一见面，萨克斯还没开口，罗斯福便说："今天我们吃饭，不许再谈爱因斯坦的信，一句也不许谈，明白吗？"

萨克斯望着总统微笑的面容说："行，不过我想谈一点历史。"因为人们都知道，总统虽不懂得物理，但对历史却非常精通。

"英法战争期间，"萨克斯接着说，"在欧洲大陆一往无前的拿破仑，在海战中却不顺利。这时，一位年轻的美国发明家罗伯特·富尔顿来到这位伟人面前，建议把法国战舰上的桅杆砍断，装上蒸汽机，把木板换成钢板，并保证这样便可所向无敌，很快拿下英伦三岛。但是，拿破仑却想，船没有帆就不能航行，木板船换成钢板船就会沉没。他认为富尔顿是个疯子，把他赶了出去。历史学家在评价这段历史时认为，如果拿破仑采取富尔顿的建议，19世纪的历史将会重写。"

萨克斯说完后，目光深沉地注视着总统。此时，他发现总统已经陷入了深思。

过了一会，罗斯福平静地对萨克斯说："你赢了！"萨克斯激动得热泪盈眶，因为他明白胜利一定属于盟军。

萨克斯以史为鉴，搬出拿破仑海战失败的历史典故来劝说罗斯福，使罗斯福认清了形势的严峻，从而改变了自己的态度。他这一改不得了，人类的历史也随之而改写了。

05
无中生有

无中生有是指把没有的说成有，即凭空捏造事实。在辩论时，将本来没有的东西说得活灵活现，使对手信以为真，产生错觉，而你则抓住时机，在假象掩盖下实行"空口攻心术"，达到说服或驳倒对方的目的。

［一 会说话的鸭子］

晚唐大诗人陆龟蒙曾隐居在吴淞江畔的一个古镇，靠养鸭为生。一天，有个骄横的太监，故意打死了陆龟蒙心爱的一只鸭子。陆龟蒙装出一副担扰的样子对他说："这下你可闯下大祸啦，这是我准备进贡给皇帝的鸭子。"

太监说："一只鸭子有什么了不起，难道这只鸭子还有什么特别的地方吗？"

陆龟蒙说："我已经上书皇上，这只鸭子的叫声特别好听，叫起来发出哈哈哈的声音，跟人发笑差不多。这还不是重要的，重要的是它不但会笑，而且和八哥一样会讲话，大家都叫它'能言鸭'，这可是稀世之宝，你打死它时，没听见它讲话吗？"

太监说："我倒没注意。"

陆龟蒙不慌不忙地说："现在我只好再上书皇上，说会讲话的鸭子已被你打死，没有其他的办法了。"

太监听了以后十分害怕，并一再向陆龟蒙哀求，最后拿出重金来赔偿，这样事才算作罢。

其实鸭子如何能说话呢？但陆龟蒙抓住太监怕皇上的心理，假装说这是一只准备进贡给皇帝的鸭子，而且还是一只会说话的鸭子。骄横的太监便害怕了，不得不向陆龟蒙哀求，并且拿出重金赔偿才算了事。对于喜欢狐假虎威的人，我们即可采用这种方法来对付。

[二 一千两银子]

有个秀才犯了学规，学官准备打他一顿大板子。又因为秀才迟迟不来受罚，学官要加倍处罚秀才。

迟到的秀才说："学生因偶然得到一千两银子，同老婆商量怎样处置，所以来迟了点儿。"

学官听到秀才有一千两银子，立时和气地问："哪里得来的？"

秀才说："是学生从地里挖出来的。"

"你准备怎样处置呢？"

"用五百两买田地，二百两买房子，一百两买家具，一百两买书籍，从此后发愤攻读。剩下的一百两……"

"这一百两怎样？"学官聚精会神地听着。

秀才认真地说："送给恩师，以报教导之恩！"

秀才这样一说，高兴得学官眉飞色舞，连忙请秀才回家喝酒。学官席间问道："刚才派人匆匆把你叫来，那些银子可曾收拾好？"

"学生本来就要把银子送来，谁知去的人大吵大嚷，银子就立刻不见了。"

"银子怎么会不见了呢？"

"学生也稀里糊涂！大概是在梦中，经这一吵，就醒来了！"

秀才无中生有，许给恩师一百两梦中之的财富。而学官贪财，不但不打秀才一顿木板子，还请秀才回家喝酒。可见秀才之机智和学官之蠢笨！

[三 英国是美国的属国]

第二次世界大战期间，英美两国往往以强国自居，在国际事务中则奉行"强权政治"，相互勾结，恃强凌弱。

英国大使巴克斯是个极其傲慢无礼的人，每当在谈判遇到棘手的问题时，他总是巧妙地回答："等我和美国公使谈了以后再回答吧！"借以逃避实质性的问题。

当时苏联的外交官涅先斯基就他的这个毛病，想出了对付的办法。

一天，涅先斯基拜见巴克斯，巴克斯同样用傲慢的态度接见了他。涅先斯基故作糊涂地问巴克斯：

"对不起，我很冒昧地想问您一件事，贵国的属国到底是不是美国？"

巴克斯大怒道：

"你这是说的什么话？！你应该知道大英帝国不是美国的属国，英国是世界上最强大的立宪君主国家，就连自称强大的德国也无法跟我们相比。"

涅先斯基冷静地回答：

"我以前也认为英国是个很强大的国家，但我最近却不这么想。"

"为什么？"

"其实也没有别的事，只因我们的政府每当和阁下谈论到国际上的问题时，您总是说要等到你和美国公使谈后再回答。如果英国真是个独立国家的话，那不应该凡事要看美国的意见行事。在我的印象中，英国好像不是美国的属国。所以我今天才大胆向您请教。"

听了涅先斯基的话，一向傲慢无礼的巴克斯变得哑口无言。从此，他在外交会议上也老实多了。

众多周知，英国不是美国的属国。先说英国是美国的属国，并以此展开辩论，涅先斯基正是运用无中生有取得了胜利。

［四 公鸡蛋］

甘罗的爷爷甘茂是秦国的左丞相，他精通各门学问，而且做事公正，是一个难得的贤相。但是，因为经常犯颜直谏，秦王对他不太满意。有一天，秦王故意出了一道难题，要甘茂在三天内找到三个"公鸡蛋"，也就是公鸡所生的蛋，否则依法治罪。

甘茂明明知道秦王故意找麻烦，但王命难违，弄不好连命都保不住。因此他茶饭不思，伤透了脑筋。

甘罗见爷爷愁眉不展，弄清了事情原委后，表示愿意代爷爷去见秦王。

甘茂说："这可不是闹着玩的，搞不好会有杀身之祸啊！你不能去。"

甘罗说："我可以不去，但祖父您可有应对之策吗？"

甘茂说没有办法，就只好让甘罗去见秦王了。

第二天，甘罗一个人去见秦王。

甘罗先向秦王自我介绍说："我是左丞相的孙子，甘罗。"

秦王问道："你爷爷怎么不来呢？"甘罗答道："他在家里生孩子啊？"秦王生气地说："胡说八道！男人怎么会生孩子呢？"甘罗镇静地说："既然男人不会生孩子，难道说公鸡会生蛋吗？"

秦王听了甘罗的话，顿时哑口无言，只好对"公鸡蛋"一事不再追究。

公鸡生蛋，本来就是无中生有的事情。男人生孩子，更是无中生有。以无中生有辩无中生有，经典绝妙，秦王自然无法追究。

06

欲擒故纵

所谓欲擒故纵是指，如果想擒获敌人，那么在追击它时你只需紧随其后但不要过于逼近它，以消耗其体力，瓦解其斗志，待其溃散时再捕捉它。这就是欲擒故纵的本意，诸葛亮七纵七擒孟获用的就是"欲擒故纵"。

用这一招同时得注意："纵"只是手段，"擒"才是目的。将其运用在舌战上，就是先顺佯敌意，放纵对方，诱使其说出关键性的话，然后伺机反驳，使其束"口"就擒。

[一　抽烟的好处]

美国有个烟草贩子到英国去做生意。

一天早上，他在伦敦的一个集市上大谈抽烟的好处。突然，听众中走出了一位老人，连招呼也不打，就走到台上。老人在台上站定后，便大声地说道："女士们，先生们。对于抽烟的好处，除了这位先生讲的以外，还有三大好处哩！不妨讲给大家听听！"

烟草贩子一听这话，顿时高兴了起来，连连向老人道谢："谢谢您了，先生。我看您相貌不凡，肯定是位学识渊博的老人，请您把抽烟的三大好处当众讲讲吧！"

老人笑了笑，立刻讲了起来："第一，狗一见抽烟的人就害怕逃走。"台下一片轰动，烟草贩子暗暗高兴。"第二，小偷不敢到抽烟人的家里去偷东西。"台下连连称奇，烟草贩子更加欢喜。"第三，抽烟者永远年轻。"台下观众情绪振奋，烟草贩子更是喜形于色。

老人一摆手，说："女士们，先生们，请安静。我还没说清为啥有这样三大好处呢！"

烟草贩子格外振奋地说："老先生，请您快讲。"

"第一，抽烟人驼背的多，狗一见到他以为是正要拾石头打它哩，它能不害怕吗？"台下人笑出了声，商人吓了一跳。"第二，抽烟人夜里爱咳嗽，小偷以为他没睡着，所以不敢去偷。"台下一阵大笑，商人大汗直冒。"第三，抽烟人很少命长，所以永远年轻。"台下一片哗然。此时，大家再一看，烟草贩子不知什么时候已经溜了。

老人本来是反对抽烟的，但却装作赞成的样子，并大讲抽烟的"好处"，让烟草贩子疏于防范，以为遇上了同道知音，不料，老人话锋一转，将所谓烟草的"好处"统统变成了"坏处"。

老人所运用的"欲擒故纵"的战术，可谓到了炉火纯青的地步，而烟草贩子也只能落得个仓皇逃跑的下场。

[二　无所谓失望]

鲁迅先生在他的《半夏小集》中记述了这样一段有趣的辩论：

A："啊呀，B先生，3年不见了，你对我一定失望了吧……"

B："没有的事……为什么？"

A："我那时对你说过，要到西湖上去做2万行的长诗，直到现在，一个字也没有，哈哈哈！"

B："哦……我可并没有失望。"

A："你的'世故'可是进步了，谁都知道您记性过人，'责人严'，不会这么随随便便的，您现在也学会了说谎。"

B："我可并没有说谎。"

A："那么，您真的对我没有失望吗？"

B："唔，无所谓失不失望，因为我根本没有相信过你。"

B在这次辩论中的胜利完全取决于他以退为进，欲擒故纵，给予对方有力反击，令他无言以对。

07

绵里藏针

所谓绵里藏针是指看似外表柔和，内心却很刚硬。就像武术中的内家拳，看似绵软无力，却能伤人于无形，比一味只注重刚猛威力的外家拳法还要厉害。

将绵里藏针法运用在舌战中，指的是辩论里刚外柔，柔中含刚。良药苦口利于病，忠言逆耳利于行；有时候，你不妨将苦口良药裹之以糖衣，将逆耳忠言包之以委婉柔顺的话语，如此一来，既避免触怒对方，又击中了对方的要害，岂不妙哉。

[一 弦高犒秦师]

公元前628年，古代秦国的将领孟明视、西乞术和白乙丙率领军队从咸阳出发，准备偷袭郑国。

这个消息被郑国的一个贩牛商人弦高知道了。当时他赶着一群准备卖出的牛，正在去洛阳的途中，回国报告已经来不及了，于是他便急中生智，一边派人抄近路星夜回国报信，让国君做好迎战准备；一边把自己穿戴得衣冠楚楚，并挑选了12头肥牛和4张牛皮，乘着马车，带着随从，在秦军必经之路迎候着。

一天，秦国的队伍正在行进，突然有人拦在路中央喊道："郑国使臣弦高，受国君派遣，特来求见将军。"孟明视听了，不禁一怔，心想，莫非我们派兵偷袭的消息，郑国人知道了？他满腹疑虑地接见了弦高，并且迫不及待地问："先生到这里来有何见教？"

弦高答道："我们国君听说将军带兵要来敝国，特意派我来犒劳大军，先送上这12头肥牛和4张牛皮作慰劳品，表示我们的一点心意。"

孟明视故作镇静地收下慰劳品，还假惺惺地说：

"听说郑国国君新丧，我们国君怕晋国趁机来侵犯你们，叫我带兵来保护。"

弦高说："我们郑国是个小国，夹在秦、晋两个大国中间，为了安全，我国的将士们日夜小心地守卫着每一寸国土，要是有谁胆敢来侵犯，我们一定会给他以迎头痛击。这一点请将军放心。"

孟明视又不甘心地说：

"这么说，郑国就用不着我们秦军的帮助了吗？"

弦高说："我们已经做好了一切准备，如果贵国军队真的开到敝国，我们将负责供应你们粮食和柴草，派兵保护你们的安全。"

孟视明听了弦高的口气，心想郑国已经做好了准备，只得放弃进攻郑国的打算。

弦高的这番话可以说是机智聪明，软中带硬，柔中有刚，难怪孟明视听了，不得不放弃攻郑的计划。

[二　无恶意的谎言]

莉莲·卡特是美国前总统吉米·卡特的母亲，一天，一个女记者来到她的家中对她说："您的儿子到全国各地去演讲，并告诉人们如果他曾经对他们撒过谎的话，就不要选他，您能不能诚实地告诉我，您的儿子从来也没撒过谎吗？因为世界上再没有人比您更了解您的儿子了。"

莉莲·卡特说："可能有时也撒些无恶意的谎吧。"

"那么，无恶意的谎言和其他谎言又有什么区别呢？"记者接着问，

"您能不能给我下个定义呢？"

"我不知道能不能下这个定义，"卡特的母亲从容地说："但是我可以给你举个例子。你还记得几分钟前你进来的时候，我对你说你看起来多精神，多漂亮，我多高兴见到你吗？"

莉莲·卡特的回答可谓"绵里藏针"，精彩之极。这比直接说"你不精神，不漂亮"更能刺痛女记者的心。这就是无恶意的谎言。

08

以柔克刚

老子说："天下之至柔，驰骋天下之至坚。"可见，适当地运用柔也是一种战略。同样，就辩论而言，辩论有不同的风格，既有电闪雷鸣，又有和风细雨。在辩论过程中如果双方你来我往均是针锋相对，以硬碰硬，火药味十足，不但使人感到索然无味，而且很有可能导致一些不愉快、不礼貌的事情发生。

确实，有时候，我们不妨采用"以柔克刚"的辩论技巧，尽量控制好自己的情绪，平息自己的满腔怒火，尽管让对方"刚"下去，待其气衰势竭之时，再战而胜之。这里要注意的是，以柔克刚的"柔"方不能一味"柔"，在"柔"中必须含刚，刚柔相济，才能克敌制胜。

[一　墨翟与公输盘]

历史上，公输盘为楚国制造了攻城用的云梯。云梯造成之后，楚国计划用它来攻打宋国。墨翟听说了这件事，从齐国动身，走了十天十夜，来到了楚国都城郢，见到了公输盘。

公输盘问："夫子对我有什么指教吗？"

墨翟说："北方有个人侮辱了我，请你帮我杀了他！"

公输盘很愤怒。墨翟说："我要用十镒黄金来酬谢你。"

公输盘说："我恪守道义，绝不能随便杀人。"

墨翟站起来，向他行了两个礼道："请听我说。我在北方听说你制造了云梯，要用来攻打宋国。宋国有什么罪？楚国的土地有余，可是百姓人口不足，却要去争夺本来已经多余的东西，这不能算是明智；宋国无罪却去攻打它，不能算是仁德；知道这行为不仁德却不向楚王谏争，不能算是忠诚；谏争了却不能把楚王说服，不能算是坚强有力；恪守道义，不肯杀少量的人，却要去帮别人杀众多的人，不能算是懂得类比。"

公输盘被说服了。

墨翟说："你既然明白了道理，为什么不停止呢？"

公输盘说："不行，我已经把这技术告诉楚王了。"

墨翟说："为什么不让我见见楚王呢？"

公输盘说："好吧，我让您见。"

墨翟拜见了楚王，并对他说："有一个人，丢掉自己华美的车子，却想偷邻居家的破车；丢掉自己的锦绣衣服，却想偷邻居的粗布短褂；丢掉自己的精米肥肉，却想偷邻居的糟糠粗粮，这个人是为了什么呢？"

楚王说："一定是得了爱偷的病。"

墨翟说："楚国的国土，方圆五千里，宋国的国土，方圆五百里，这就好比是华美的车子和破车；楚国有云梦泽，周围生长着犀牛、麋鹿，长江汉水里面生长着鱼鳖鼋鼍，是天下最富庶的地方，宋国却是个连野鸡、野兔、鲫鱼都没有的地方，这就好比是精米肥肉与糟糠粗粮；楚国有高大的松树、漂亮的梓木和楠木、樟树，宋国根本没有高大的林木，这就好比是锦绣衣服和粗布短衣。我以为楚国从这三点来考虑而去攻打宋国，和那犯偷病的人是一样的。我断定您这次攻战一定会损伤了您的仁义之名，而且还不能得手。"

楚王说："你说得对！但是，攻城的云梯已经由公输盘造成了，我一定能把宋国攻取下来。"

于是，墨翟又去见了公输盘。他解下衣带围成城池，用木片做成器械，公输盘九次运用不同的器械攻城，墨子都成功地抵御了他。公输盘攻城的器械已经用尽，而墨翟守城的办法还没有用完。公输盘只得服输，不过他又说："我知道该怎么对付你了，我只不过不肯说。"

墨翟也说："我知道你想如何来对付我，我也不说。"

楚王不解地问他们到底知道些什么，墨翟说："公输盘的意思，不过是想杀了我，他以为杀了我，宋国就不能有效地防御，楚国就可以进攻宋国了。不过我的学生禽滑釐等三百多人，已经带上我设计的防守器械，在宋国的城墙上等待楚国进攻了。即使杀掉我，也依然不能攻取宋国。"

楚王佩服地说："先生真是了不起，我决定不再攻打宋国了。

墨子真可谓是"以柔克刚"的顶尖高手。在与楚王的辩论中，他先是通过示弱于敌、巧设陷阱、类比说明等"柔"性技巧，然后再用一系列实际攻守操演来显示自己的"刚"劲，如此刚柔相济，不仅说服了自恃技高、实则不话大义的公输盘，而且说服了目空一切、嗜好杀伐的楚王。不仅使他们明白去攻打弱小的宋国是不义不利之举，而且使他们明白，即使蛮横无理地妄开战端，也绝无取胜的可能，从而使宋国免遭了一场战祸。

[二　用个人工资支付差额]

曾任苏联驻挪威全权贸易代表的柯伦泰是世界上第一位女大使。一次，她和挪威商人谈判买挪威鲱鱼，挪威商人的要价高得惊人，她的出价也低得使人意外。双方开始讨价还价，在激烈的争辩中，双方都试图削弱对方的信心，互不让步，谈判陷入僵局。

最后，柯伦泰笑着说："好吧，我同意你们提出的价格。如果我的政府不批准这价格，我愿意用自己的工资来支付差额。但是，这自然要分期支付，可能要支付一辈子。"

在这样一个谈判对手面前，挪威商人也束手无策了，只好同意将鲱鱼的价格降到柯伦泰认可的水准。柯伦泰用了以柔克刚的战术，她同意对方的要价是假的，只是为了让对方明白，这样的高价苏联政府根本不会批准，即使她个人让步也是没用的。

[三　竞选总统]

在美国历史上，林肯曾与道格拉斯一起参与总统竞选。道格拉斯租用了一辆豪华列车，雇用了大批男女呐喊助威，场面十分铺张豪华。他的竞选演说也不可一世。他扬言道：

"我要林肯这个乡巴佬闻闻我的贵族气味。"

然而，林肯的作风却非常低调。他没有专车，买票乘车。他的竞选演说也十分谦虚。当别人将道格拉斯攻击他的言论讲给他听时，他只笑了笑，然后诚恳地说："道格拉斯参议员是世界闻名的人，是一位大人物。他有钱有势，有圆圆的发福的脸，当过邮政官、土地官、内阁官、外交官等等。相反的，没有人认为我能当上总统。有人写信给我，问我有多少财产。我只有一位妻子和一位儿子，都是无价之宝。此外，还租用了一间破旧的办公室，室内只有桌子一张，价值两元五角，椅子三把，价值一元。墙角还有一个大书架，架上的书值得每人一读。我本人既穷又瘦，脸很长，不会发福。我实在没有什么可依靠的，唯一的依靠就是你们。"

在总统的竞选战中，道格拉斯极力宣传自己的富有和地位，这对美国人来说是很有说服力的。林肯却反其道而行之，极力渲染自己的贫穷无依，激发了人们同情弱者的天性。这样一来，道格拉斯的炫耀就变成了恃强凌弱的可憎之举。最终，林肯的以柔克刚术获得了成功，当上了美国总统。

[四　年龄问题]

同样是一个总统竞选的话题。1984年，里根竞选连任总统时，他的年龄成了竞选的最大话题。他是美国历史上年纪最大的总统候选人。他的对手蒙代尔比他年轻得多，在这一点上蒙代尔显然占着优势。

在一次双方的电视辩论中，蒙代尔说：

"我们美国历来有崇尚年富力强的传统，里根先生是很清楚的。"

里根总统笑着说：

"关于这一点，我不希望把年龄问题当成竞选的话题。我决不会利用对方年纪太轻、经验不足作为把柄来攻击对方的。"

对于竞争对手的攻击，里根并没有以牙还牙，破口对骂，而是根据自己的长处和对手的短处，采取了将计就计、以守为攻、以柔克刚的策略，谈笑间就轻松化解了对手的凌厉攻势。

09

釜底抽薪

釜底抽薪的原意是从锅底下抽出柴火，比喻从根本上解决问题。

在辩论中，对手如果要使与我方相反的论点成立，就必须提出相应的论据加以论证。那么，我们就可以采用釜底抽薪法，将对方的论据驳倒，如此一来，其论点自然也就站不住脚了。

[中期谏秦昭王]

秦昭王在位期间，秦国势力日益强大，陆续击败了中原各国。公元前293年，韩、魏两国联合攻秦，此时东方的齐国已经改变了联合韩、魏的策略，转而和秦联盟，形势对秦十分有利，秦昭王因而根本未把韩、魏两国放在眼里。

一天，秦昭王问左右大臣说："如今的韩、魏两国，与过去相比，是变强了还是变弱了？"左右都说："不如过去强。"昭王又问："如今韩、魏两国大臣如耳、魏齐与过去的孟尝君和芒卯相比，是胜过他们还是不如他们？"左右都说："不如他们。"昭王说："想当初，以孟尝君、芒卯那样的贤臣，率领强大的韩、魏两国军队来进攻秦国，还奈何不了我。现在以无能之辈的如耳、魏齐，率领比过去弱小的韩、魏军队来攻秦，他们奈何不了我，也是很清楚的了。"左右都说："大王说得非常对。"

此时，一个叫中期的臣子对昭王说："大王您将天下的形势估计错了。以前晋国六卿相互纷争时，以智伯最为强大，他灭掉了范氏和中行氏，率领韩、魏两家把赵襄子围困在晋阳。智伯掘开晋水去淹晋阳城，城墙只剩下六尺没有被淹。智伯去观察晋阳被淹的情况，韩康子为他驾车，魏桓子陪乘在旁，智伯对他们说：'本来我还不知道水可以亡人之国呢，现在才算知道了。汾水便于淹魏的安邑，绛水便于淹韩的平阳。'听了这话，魏桓子用胳膊和脚在车上这么一捣一踢，就萌生了攻灭智伯的念头，于是智氏很快就被他们瓜分了。智伯身死国亡，为天下人所耻笑。如今秦国虽强，强不过智伯；韩、魏虽弱，也要胜过被围困的晋阳。这正是他们用胳膊和脚踢来捣去的时候，但愿大王不要掉以轻心。"

秦昭王认为"国强可恃，国弱可轻"，然而，中期却运用"釜底抽薪"法，举出智伯自恃强大而招致亡国之祸的史事，从根本上推翻了秦昭王的观点，说明了"国强不可恃，国弱未可轻"的道理，用以告诫昭王切不可恃强轻敌，以免重蹈智伯的覆辙。

10

针锋相对

针锋相对,一般用来比喻双方的观点和行为尖锐对立,不可调和。作为一种辩论方法,是指针对论敌的辩略辩术,组织强有力的反攻,使对手无从躲闪。

狭路相逢勇者胜。在两军作战过程中,针锋相对法是绝妙的技法。这种技法使人充满自信,拥有勇往直前、无所畏惧的精神。同时,要从气势上压倒对方,用匕首、投枪般的语言,步步紧逼,将对手的心理防线彻底击垮,使其不得不投降认输。

[一　勇士发怒]

历史上,秦王曾经无理地提出用五百里的土地来交换鄢陵,鄢陵君知道这是一个骗人的圈套,因此始终推辞不肯接受,还派遣唐雎做使者去游说秦王。

秦王听说鄢陵君不愿意调换土地后,顿时变了脸色,还很不高兴地说:"秦国攻破韩国、消灭魏国,鄢陵君却以五十里的土地能够存在,我哪里是害怕他的威力,我是尊重他的道义罢了。现在我用十倍的土地和他交换,他却推辞不肯接受,太小看我了。"

唐雎站起来答道:"不是这样的,我们鄢陵不以利害作为趋向。鄢陵君接受祖先的土地,理应保卫它,即使再用千里的土地来交换,我们也是不会答应的,何况只有五百里呢?"

秦王极其愤怒,气冲冲地对唐雎说:"你曾看到过天子发怒吗?"

唐雎说:"臣下没有见过。"

秦王说："天子一旦发起怒来尸体横卧上百万，鲜血流淌上千里。"

唐雎不卑不亢地说："大王曾见过百姓中的勇士发怒吗？"

秦王说："百姓发怒只是脱去帽子赤着脚，用头撞击地面而已，哪个不知道呀！"

唐雎说："这是匹夫愚人发脾气而已，不是百姓中的勇士发怒。专诸刺杀王僚时，慧星冲袭月亮，流星白天出现；要离刺杀王子庆忌时，苍隼在台上扑击；聂政刺杀韩王的叔父，白虹横贯太阳。这三个人都是那百姓中的勇士发怒，加上我就有四个了。勇士们含着怒气没有发泄时，就有迹象在天空出现。勇士不怒罢了，一旦发起怒来，横尸两具，流血五步。"说完就手执匕首，站起来看着秦王说："现在勇士就要发怒了。"

秦王听后感到很害怕，忙对唐雎说："先生请坐，我明白了，韩国、魏国都灭亡了，鄢陵却仅仅以五十里的地方能够保存，实在是鄢陵君重视先生的缘故啊！"

面对势力强大、贪得无厌的秦王，唐雎勇敢地与之做针锋相对的斗争，甚至不惜以死相拼，最终使秦王心虚胆战，低首服输，从而保全了鄢陵这个弹丸之地。

［二 反对割地之辩］

在秦赵长平之战后，秦王提出向赵国索取六座城池才肯讲和的条件，赵王顿时手足无措。此时，一个叫楼缓的人刚从秦国归来，赵王便和楼缓商议说：

"把城给秦国和不给，哪个更有利？"

而这个楼缓实际上是秦国的奸细，但他假装推辞："这不是臣所应该谈论的。"

赵王接着说："即便这样，但不妨谈谈你个人的看法。"

楼缓回答道："大王听说过公甫文伯的母亲吗？公甫文伯在鲁国做官，患病死了，房中为他自杀殉葬的妇女有十六人，他母亲听说这事，不肯哭他。管家说：'哪有儿子死了而不哭的呢？'他母亲说：'孔子是贤者，被鲁国驱逐，这个人不追随。如今死了，妇人为他而死的竟有十六人之多。之所以这样，是因为他待长者薄，而待妇人厚。'这话从母亲嘴里说出来，这就是一位贤良的母亲；如果从妻妾嘴里说出来，必定是一个妒妇。因此同是一句话，说的人不同，人们的想法便不一样。现在我刚从秦国来，要是说不给秦国城池，那么不是一个可行的办法；要是说给秦国城池，又担心大王怀疑我为秦国说话。所以我不敢冒昧地回答。如果臣可以为大王谋划的话，不如给秦城池有利。"

赵王答道："那就这样吧！"

赵国有名的雄辩家虞卿知道这件事后，入宫拜见赵王说："楼缓这是诈伪之辞。我请问大王，秦军进攻赵，是因为疲惫而退军呢，还是尚有进攻之力，因为爱惜大王您而不进攻了呢？"

赵王说："秦军攻打我国是不遗余力的，必定是因为疲惫才撤军的。"

虞卿答道："秦国的军队进攻我国不能夺得我国的土地疲惫而归，大王又以秦无力攻取而不能夺得的土地白白送给他，这是在帮助秦国进攻我们自己啊！明年如果秦又来进攻我国，大王将就再也无力自救了。"

赵王又把虞卿的话告诉楼缓。楼缓说："如果秦国的兵力已经无力再进攻了，那还差不多；如果不是这样，这么弹丸大小的土地尚且也不肯给，如果秦国明年再来进攻，到时您想割地求和也怕办不到了。"

赵王问楼缓："如果听你的话割地给秦，那么你能担保秦国明年不会再进攻我国吗？"

楼缓说："这个我可不能担保了。从前三晋与秦国交往，彼此是很友善的。如今秦放开韩、魏而独攻大王，大王用以事奉秦国的礼数，想必不如韩、魏。如今我替大王解除因为辜负友好国家而招致的进攻，开放边境，以礼通好，使赵与秦的交往与韩、魏相同。但是到来年如果只有大王得不到秦王的欢心，大王用以事奉秦国的礼数，必定落在了韩、魏的后面。所以明年秦必定不攻赵，我可不敢担保。"

赵王把楼缓的话一五一十地告诉了虞卿，虞卿说："楼缓说如果不割地求和，来年再攻大王，恐怕到时想割地求和也不可能了；现在如果割地求和了，楼缓又不能担保秦不再来攻，这样即使割了土地又有何用？来年再攻，又送上一些秦进攻没法夺得的土地向秦求和，这是自己残害自己啊！秦虽然善战，不能攻取六城；赵即使不善守，也不至于丢失六座城。秦军疲惫而归，军队必然无力。我们拿五座城联合天下各国，去进攻疲惫的秦军，这样我们虽然失地于各国，却从秦国得到了补偿，我国还能占到便宜。和无所作为地割地、自我削弱以壮大秦国的做法相比，哪个有利？如今楼缓说：'秦对韩、魏不进攻而对赵进攻的原因，一定是大王事奉秦比不上韩、魏。'这等于是让大王用六城事奉秦，这样便是白白地将土地丧失了。来年秦再求割地，大王还能给吗？不给，等于是前功尽弃并且招来秦国的进攻；给它，却又没有土地可给。俗话说：'强者善攻，而弱者不能自守。'现在一切听从秦国的，秦不费力量却能得到许多土地，这就是使秦强大使赵削弱啊！我们割让土地使赵越来越衰弱而使秦越来越强大，那么秦的欲望就更会没完没了。况且秦是虎狼之国，无礼义之心，它的欲望没有止境，而大王的土地却有限度。凭着有限的赵地，满足秦国无止境的欲望，这必定会使赵灭亡。所以说楼缓说的是诈伪之辞。大王一定不要给秦六城！"

赵王接受了虞卿的建议。

楼缓知道这种情况后，急忙拜见赵王说："不对，虞卿只知其一，不知其二。秦、赵交战，天下各国都高兴。这是为什么？他们都说：'我们可以乘着秦国的力量来侵凌赵国。'如今赵兵为秦所败，各国祝贺战胜的使者必定都在秦国。所以不如立即割地求和，使东方各国以为赵国与秦友好而不敢进攻赵国。不然，各国将乘着秦王的恼怒，乘着赵国的疲惫，而瓜分赵国。赵国都快要灭亡了，还谈得上什么来算计秦国呢？但愿大王下定决心，不要再犹豫了！"

虞卿知道这种情况后，也拜见赵王说："楼缓为秦谋划之用心真是太险恶了！赵国为秦军所困，又割地求和，这会使天下人更迷惑，哪里是安慰秦人之心呢？这不是向天下显示赵国的软弱吗？况且我说不给秦土地，不是不愿拿出土地。秦向大王索取六城，大王可拿五城送给齐。齐国是秦国的仇敌，得到大王的五城，还不等大王把话说完，就会和我们合力西向攻秦。大王您这样做，虽然有失于齐但却可以从秦国获得补偿。这样赵国、齐国的仇也报了，使天下认为赵国是大有作为的。大王如果发布这样的决策，赵、齐的军队还没到达秦的边境，我们便可以看到秦国的使者重重地贿赂大王而反过来向大王求和。秦反过来向赵求和，韩国、魏国知道了，都一定会看重大王您。这样大王一举而使齐、韩、魏三国结成友好关系，就能使秦国与赵国的主动求和。

赵王听了很高兴，答曰："善。"派虞卿东见齐王，和他一起商量对付秦国的办法。虞卿还没返回赵国，秦国求和的使臣已经来到赵国了。楼缓知道后，只得偷偷地逃跑了。

在这场辩论中，主张与秦苟合的楼缓用花言巧语，狡猾善辩来迷惑赵王；而反对割地求和的虞卿则能敏锐地洞察对方的险恶用心，坚决主张合纵抗秦，针对论敌的谬论批驳得异常深刻而痛快淋漓，最后反而使秦向赵求和，充分显示了虞卿辩论所具有的回天之力。

11

声东击西

唐代杜佑所著《通典》第153卷《兵六》章中提到"声言击东，其实击西"。这其实是一种军事家经常运用的计谋，其特点是以假象造成敌人的错觉，采取灵活机动的军事行动，忽东忽西，忽左忽右，不攻而攻，攻而不攻，似可为而不为，似不可为而为之，使敌人无法判定我方进攻方向，出其不意，战而胜之。

将这种"声东击西"的方法运用在舌战上，指的是为了达到我方的某个目的，不直接从这个目的的正面去说它，却故意从相反的方面入手，麻痹论敌，最后达到言此而意彼的效果。

［一 烛邹的三大罪状］

历史记载齐景公很爱打猎，而且非常喜欢养老鹰捉兔子。一次，负责养鹰的烛邹不小心让一只鹰逃走了，景公下令把烛邹推出去斩首。

晏子想营救烛邹，便拜见景公说："烛邹有三大罪状，哪能这么轻易就杀了呢？请让我一条条数出来后再杀他，可以吗？"

齐景公说："可以。"晏子指着烛邹的鼻子说："烛邹，你为大王养鸟，却让鸟逃走，这是第一条罪状；你使大王为了鸟的缘故而杀人，这是第二条罪状；把你杀了，天下诸侯都会责怪大王重鸟轻士，这是第三条罪状。"

齐景公听了晏子的话后说："别杀了，我懂了你的意思。"

在这个故事里，晏子就妙用了声东击西法。他表面上好像是给烛邹加罪，实际上是在为他开脱；表面上是在为齐景公说话，实际上是在指出他重鸟轻士的过错。这样，既避免了为烛邹说情之嫌，又真正救了烛邹；既指出了齐景公的错误，又没有伤齐景公的面子。

[二　吓跑无赖]

林肯很讨厌那些总是来白宫唠唠叨叨、并想借此捞得一官半职的人。一天，林肯身体不适，但却有个厚脸皮的家伙死赖在林肯身边不肯走。

就在此时，总统的保健医生走进房间，林肯一面向医生用眼光暗示，一面向他伸出手，问道："医生，我手上的斑点到底是怎么回事？我全身都有。你看这会传染吗？"

"不错，非常容易传染。"医生心领神会，立刻回答。

果然，那人听后连忙站起来说："好吧，我现在不便多留了。林肯先生，我没什么事，只是来探望你的。"

那家伙走后，林肯和医生在房里笑得前仰后合。

林肯运用了"声东击西"法，吓跑了那个死乞白赖的家伙。我们仔细分析一下，他说自己手上的斑点会传染，这是"声东"，而吓跑那个无赖，则达到了"击西"的效果。

12

偷梁换柱

偷梁换柱的本意是指在与敌军作战时，设法将其主力调开，然后抓住其弱点，进行攻击，战而胜之；此计如运用于政治斗争中，则与人们通常所说的"调包计"相似。

作为辩论技巧的偷梁换柱有偷换概念和偷换论题这两种方式。

偷换概念指的是故意违反同一律的要求，把不同的概念当作同一概念来使用的逻辑错误；偷换论题又称转移论题、走题、离题，指的是违反同一律的要求使论述离开论题所犯的逻辑错误。

[一 头上有角]

一天，古希腊一位有名的智者问他的朋友："你没有丢失某样东西，那么你就拥有某样东西吗？比方说，你没丢失某件衣服，那你就拥有某件衣服，对吗？"

"是这样的。"他的朋友回答说。

"你没有丢失头上的角，那你就头上有角了！"智者提出了第二个问题。

"不对。"他的朋友做出了否定的回答。

"你怎么否定了自己的见解呢？"

"这……"朋友陷入了进退维谷的境地。

在上述对话中，智者先说："你没有丢失某样东西"是指他的朋友本来就拥有的东西，是一种客观存在；而后说的"头上的角"是他的朋友本来不拥有的东西，客观上是不存在的。也就是说智者用朋友"客观上不拥有的东西"取代了"客观上拥有的东西"，因而犯了"偷换概念"的逻辑错误。

[二　苏东坡戏拒夫人]

有一年元宵夜，北宋的京城开封举行花灯会，观赏花灯的游客络绎不绝，很是热闹。苏东坡的夫人也想出去看看这壮观景象，她对苏东坡说："我要去看花灯。"苏东坡说："家中这么多灯，何必出去看。"她接着提出了第二个要求："我还要出去看游人。"苏东坡："家中这么多人，何必出去看。"

为了拒绝夫人的要求，苏轼故意用"灯"取代"花灯"，用"人"取代"游人"，是典型的"偷换概念"。

[三　抬杠]

有这样一个人，我们暂且叫他张三，他说话总喜欢和人抬杠。一次，他去朋友家里串门，进门就大喊大叫。他朋友被他吓了一跳，就对他说："你这个人，个子小，喉咙倒不小。"

张三回答说："个子小就不能喉咙大吗？你看，知了不是很小吗，它叫起来的声音比我大得多呢！"

朋友见张三把事情扯远了，就辩解道："你怎么把人和知了比呢？知了爬在高高的树枝上，所以叫起来声音就特别响。"

张三却反驳道："你说得不对，青蛙不是也叫得很响吗？难道你能说青蛙也站得很高吗？"

张三的朋友又解释说："青蛙叫得响，是因为它的口宽。"

张三却反问："簸箕的口比青蛙的口宽得多，为什么簸箕不会叫呢？"

朋友知道张三抬杠的劲又来了，便笑道："簸箕是竹子做的，它没有生命，当然不会叫。"

张三又问："洞箫、笛子也是竹子做的呢。"

朋友回答说："因为洞箫、笛子有洞眼，要人去吹才会响。"

张三还不肯罢休，继续问："米筛的洞眼比箫、笛子多得多，为什么吹不响呢？"

就这样说了半天，张三的朋友实在是不耐烦了，就一语双关地说："因为它心眼太多，以前尽说瞎话，喜欢抬杠，所以，就罚它做哑巴，使它不发出声，才不会与人胡搅蛮缠瞎争辩。"

"抬杠"可以说是偷换论题的典型案例。张三在辩论中的失败是因为他没有保持论题的同一性，不断地变换论题，朋友讲这个，他却扯那个，越扯越远，结果什么问题也扯不清。

13

兵不厌诈

中国有句古话："兵以诈立，战阵之间，不厌诈伪。"确实，不管在战阵之间，还是与人辩论，都要"不厌诈伪"。

辩论时，与人针锋相对，唇枪舌剑，当然很是过瘾，但这未免火药味太浓，在很多场合并不适用。善用兵不厌诈法，会使你的辩论更有艺术性。趣味性，更有说服力。但诈须有度，它的重心应在技巧方面，而不是说话的内容，像张仪的"诈"术就太过分，变成出尔反尔，实在不宜仿效。

［一 张仪的"兵不厌诈"术］

张仪是战国时期著名的纵横家、诡辩家，他曾经和苏秦一起在鬼谷子门下学习纵横术。但是，由于学业不精，一出山游说楚王便碰了壁，楚王对他很冷淡。张仪贫困潦倒，于是他精心策划了一套骗术。一天，他对楚王说：

"我在贵国没什么用处，请让我北见晋君，不知大王需要我从晋国带什么东西吗？"

楚王说："你爱去就去吧，我们楚国有的是黄金珠宝，不需要晋国的什么东西。"

"大王难道不喜欢女色吗？郑周中原之地的女子漂亮美丽，常常使人误以为是天仙呢！"

张仪的这句话着实使好色的楚王动了心，楚王说："楚国是僻陋之国，中原之女如此美丽，虽有所闻，然而还没有亲眼见过。我怎能不爱好女色呢？

这就劳你费心了。"

　　楚王于是赠给了张仪许多珠玉。楚王的王后南后与宠姬郑袖听说后，十分惊恐，二人也派人送给张仪大量黄金，表面上说是供作路费，实际上是作为阻止美女进入楚国的酬报。张仪向楚王告别时说："天下闭关不通，不知何日才能相见，请大王赐酒作别。"楚王便准备了酒席为张仪饯行。酒至半醉时，张仪又说："这里没有别人，愿大王召所喜爱的人侍酒。"楚王于是召南后、郑袖出来。张仪见到这两位女子，故意惊叹一声，在楚王面前倒身下拜说：

　　"张仪有死罪于大王！我走遍天下，没见过有这么美丽的女人。我说要给大王进献美女，这是欺骗了大王啊！"

　　就这样，张仪运用"兵不厌诈"的手段，既骗了楚王赐予的珠玉，又赚得了南后、郑袖赠予的大量黄金，最后，他还用溜须拍马的方式，使对方皆大欢喜一场。

［二　她比我漂亮十倍］

　　有个很漂亮的姑娘走在大街上，一个男的一直跟着她。姑娘便停下来问他："你要干什么？为什么老是跟着我？"那个男的回答说："因为我爱你！"姑娘问："你为什么非得爱我不可呢？"男子回答说："因为你长得太漂亮了。"

　　"谢谢你的夸奖。你身后走着的是我姐姐，她比我漂亮十倍，你爱她好了。"姑娘对那男子说。男子马上向后转，果然看见一个女人，但那是一个丑陋的老太婆。他很生气，马上追上小姐说："你骗了我！"姑娘反驳道："是你先骗了我。要知道，如果你真的爱我的话，就不该去寻找别的女人。你为什么回头去看我的姐姐呢？"

　　听了姑娘的话，那个男子面红耳赤，最后只好溜走了。

　　这位姑娘运用的就是"兵不厌诈"法，她用假话欺骗那个花心的男子，而男子果然上当，也就暴露了自己丑陋无耻的真面目。

14

暗度陈仓

"明修栈道，暗度陈仓"是我国古代有名的兵家谋略，原本指的是将真实的意图隐藏在不令人生疑的行动的背后，将奇特的、非一般的、非正规的、非习惯的行动隐藏在普通的、一般的、正规的、习惯的行动背后，迂回进攻，出奇制胜。

在辩论时，我们同样可以运用暗度陈仓的方法。也就是说表面上承认或者回避对方的观点，以分散对方的注意力，再旁敲侧击，迂回进攻，巧妙驳倒对方观点，使其在不知不觉中败北。

[一　司马熹明修栈道，暗度陈仓]

战国时期的中山国王同时宠爱两个妃子阴姬和江姬。这两个妃子为了争夺王后之位总是明争暗斗。

有名的舌辩家司马熹看见有利可图，就暗中派人游说阴姬说："做王后的事可要重视。争到手，一人之下，万人之上；争不到手，性命不保，还会祸延九族，早晚被对方收拾掉。要想胜利，最好找司马熹出主意。"阴姬闻言，便请司马熹献策，并许以重金谢礼。司马熹答应下来，便施展出"明修栈道，暗度陈仓"的战术。

接着，他先找中山王，说要外出到邻国走走，刺探对方消息，再回来谋划强国的办法。中山王自然高兴，给他备上礼物，让他先去赵国。司马熹见过赵王，闲谈中说："原听说贵国出产美人，可我转了几天，没见过一位超过我国那位阴姬的。"赵王一听，来了兴趣，忙问长得怎样？司马熹绘声绘色地描述道："眉清目秀，明眸皓齿，眼似秋波戏潭水，腰如杨柳舞轻风。真乃倾国倾城之貌！"赵王一听，恨不得马上弄到手里，忙问司马熹："可不可以把她弄到这里来？"司马熹故意顿了一下，悄声说："她是我们大王的宠姬，我怎敢添言？请千万别声张出去是我讲了这些，否则，我的脑袋就保不住了！"赵王冷笑一声，咬了咬牙，下定了非弄到手不可的决心。

司马熹看到目的达到，连忙离开赵国跑回中山国，向国王报告："赵王昏庸至极，又残暴无比，只知道杀杀、攻攻，道德极差，沉于酒色，迷于音乐，只知道玩女人。我已得到可靠消息，说赵王看中了阴姬，正想方设法把她搞去。""岂有此理！"中山王一听，勃然大怒，骂道，"竟敢到我碗里抢食！"司马熹故作焦急地说："冷静，大王！目前赵国比我们强大，我们能打得过他们吗？赵王硬来索取，不给吧，我国就亡国，给吧，大王您就会被天下人耻笑，连自己的妃子都保护不了——""快说怎么办吧！"中山王何尝不明白形势，也是又气又急，便急不可耐地打断司马熹的话头，向他求教。司马熹故意顿了一下，凑近前说："我看有一个办法可以打消赵王的这个念头。大王立刻把阴姬册封为王后，让赵王死了心。当今，还没有哪个人敢索要别人的王后做妻子的。若有此举动，必引起列国公愤，别国也会出兵帮助我们。""好！就这么办。"中山王如释重负地笑了笑，马上传令封阴姬为王后。赵王听后，果然也死了心。阴姬对司马熹千恩万谢，自然给了他不少好处。

在这个故事中，司马熹明修栈道，促使中山王册封阴姬为王后。而栈道修好了，他"暗度陈仓"的目的也就达到了。他通过阴姬，为自己捞取了不少好处。

[二 画虎成猫]

从前，有位县太爷很喜欢画虎，但他画艺不高，往往画虎成猫。一天，县太爷又画了一只虎，悬挂于大堂墙壁上。一个差役走过来，县官问他这幅画画的是什么。这个老实的差役直说是猫。县官大怒说："岂有此理，竟敢把老爷我画的老虎说是猫！"结果，差役被重重地打了一顿板子。

第二天，县官问另外一个差役。这个差役想了一会说："老爷，我不敢说。"县官问："你怕什么？"

"我怕老爷。"

"那老爷我怕什么？"

"老爷怕皇上。"

"皇上怕什么？"

"皇上怕天公。"

"天公怕什么？"

"天公怕云。"

"云怕什么？"

"云怕风。"

"风怕什么？"

"风怕墙。"

"墙怕什么？"

"墙怕老鼠。"

"老鼠怕什么？"

"老鼠什么都不怕，就怕老爷画中那只家伙！"

差役这个回答可谓妙语连珠，而他就采用了"暗度陈仓"的策略，迂回进击，绕来绕去说了个结果还是一句话：老爷画的是猫，不是虎。

15
移花接木

移花接木的原意是把枝条、嫩芽从一种花木嫁接到另一种花木上，以此来比喻暗中更换。

把移花接木运用到辩论中，指的就是暗中更换概念。这当然是一种诡辩，但如对方先用在前，我反击在后，能达到"以诡制诡"的目的。

［一 爱尔兰人与酒鬼］

哲学家约翰·司各脱·伊里杰纳是爱尔兰人，在他任法国宫廷学校校长期间，法国国王查现二世经常和他开玩笑。

一天，国王与他共进午餐，两人谈笑风生。但是，国王突然问伊里杰纳："一个爱尔兰人和一个酒鬼有何区别？"

国王这句话是一双关语，因为伊里杰纳是爱尔兰人，爱尔兰人的发音是scot，而酒鬼的发音是sot，很相近。查理二世表面意思是问这个两个词发音有什么区别，而实际上是笑伊里杰纳是一个酒鬼。

显然，伊里杰纳不能否认自己是爱尔兰人，然而承认了自己是爱尔兰人，也就意味着承认自己是"酒鬼"。他灵机一动，巧妙答道："一个爱尔兰人和一个酒鬼的区别只不过是一张桌子。"

伊里杰纳在这次辩论中的胜利就归功于他运用了移花接木法，将两个词的发音区别变成了两个人的位置区别，意思说是，爱尔兰人同酒鬼的分界线是一张桌子，桌子的这边是爱尔兰人伊里杰纳，而桌子的那边自然就是酒鬼了。

结果查理二世笑人成了笑己。

[二 援之以手与援之以道]

一次，淳于髡问孟子："男女之间不亲手递接东西，是符合礼的吗？"

孟子说："正是礼所要求的。"

淳于髡又问："如果自己的嫂嫂掉在水里，能不能用手去拉她呢？"

孟子说："自己的嫂嫂掉在水里不用手去拉她，这是豺狼的行为；男女之间不亲手递接东西，这是礼制的规定；自己的嫂嫂掉进水里，可以用手去拉她，这是变通的办法。"淳于髡说："现在天下的百姓掉在水里了，您却不救他们，这是为什么呢？"

孟子说："天下的百姓掉在水里，要用道去拯救；自己的嫂嫂掉进了河里，要用手去拉她。但你怎么可能要我用手去援救天下的百姓呢？"

这个故事中，淳于髡运用"移花接木"法来刁难孟子，既然嫂嫂掉进水里可用手去拉，天下老百姓掉进水里为什么不用手去救？这一反问表面看来非常有力，实则却是将性质不同的两类事混同为一，所以孟子的回答十分干脆：救溺水的嫂嫂，要用手；救天下老百姓，要用道。真是"魔高一尺，道高一丈"，能言善辩的淳于髡，在善养浩然之气的孟子面前，也显得黔驴技穷了。从此例可以看出，"移花接木"如运用得不好，很容易遭对手反击。

16

矫言激将

矫言激将，也就是我们常说的"激将法"，它是指故意夸大其词，以刺激对方的自尊心，使对方的心态发生变化，并且这种变化是朝着我们所希望的方向发展的一种舌辩策略。

矫言激将的主要方法是围绕对方的自尊心巧作文章：或直接贬损之，反催其勃然奋起有为；或极力吹捧之，促使其更加昂扬向上；或己方假装愚笨，反衬其聪明无比。总之，矫言激将是一种强有力的辩论技巧，运用巧妙，能使对方按照我们的意图说话、行事。

［一 孔明智激周瑜］

《三国演义》第四十四回写到：建安十三年秋，诸葛亮一个人到达东吴，为贯彻联吴抗曹的策略，诸葛亮智激吴方大都督周瑜，从而强化了他与曹操决一死战的决心和意志。下面我们且来欣赏孔明是如何"矫言激将"的。

当天晚上，诸葛亮由鲁肃引导着来拜见周瑜。周瑜出门迎接诸葛亮。宾主坐定以后，鲁肃问周瑜："今曹操驱众南侵，和与战二策，主公不能决，一听于将军。将军之意若何？"周瑜说："曹操以天子为名，其师不可拒。且其势大，未可轻敌。战则必败，降则易安。吾意已决。来日见主公，便当遣使纳降。"鲁肃疑惑地问道："君言差矣！江东基业，已历三世，岂可一旦弃于他人？伯符遗言，外事付托将军。今正欲仗将军保全国家，为泰山之靠，奈何从懦夫之议耶？"周瑜则回答："江东六郡，生灵无限；若罹兵革之祸，必有归怨于我，故决计请降耳。"鲁肃又说："不然。以将军之英雄，东吴之险固，操未必便能得志也。"看到他们俩人的争辩，诸葛亮只是在一旁冷笑。于是，周瑜问诸葛亮："先生何故哂笑？"诸葛亮说："亮不笑别人，笑子敬不识时务耳。"鲁肃反问道："先生如何反笑我不识时务？"诸葛亮解释说："公瑾主意欲降操，甚为合理。"周瑜又问："孔明乃识时务之士，必与吾有同心。"鲁肃说："孔明，你也如何说此？"此时，诸葛亮胸有成竹地说："操极善用兵，天下莫敢当，只有吕布、袁绍、袁术、刘表敢与对敌。今数人皆被操灭，天下无人矣。独有刘豫州不识时务，强与争衡；今孤身江夏，存亡未保。将军决计降曹，可以保妻子，可以全富贵。国诈迁移，付之天命，何足异哉！"突然，鲁肃大怒道："汝教吾主屈膝受辱于国贼乎？"

然而，诸葛亮却冷静地解释道："愚有一计，并不劳牵羊担酒，纳土献印，亦不须亲自渡江，只须遣一介之使，扁舟送两个人到江上。操一得此两人，百万之众，皆卸甲卷旗而退矣。"周瑜怀疑地问："用何二人，可退操兵？"诸葛亮说："江东去此两人，如大木飘一叶，太仓减一粟耳；而操得之，必大喜而去。"周瑜又问："果用何二人？"诸葛亮则回答说："亮居隆中时，即闻操于漳河新造一台，名曰铜雀，极其壮丽；广选天下美女以实其中。操本好色之徒，久闻江东乔公有二女，长曰大乔，次曰小乔，容貌超群。操曾发誓曰：'吾一愿扫平四海，以成帝业；一愿得江东二乔，置之铜雀台，以乐晚年，虽死无恨矣。'今虽引百万之众，虎视江南，其实为此二女也。将军何不去寻乔公，以千金买此二女，差人送与曹操，操得二女，称心满意，必班师矣。此范蠡献西施之计，何不速为之？"周瑜故作镇定地问："操欲得二乔，有何证验？"诸葛亮则缓缓地说："曹操幼子曹植，字子建，下笔成文。操尝命作一赋，名曰铜雀台赋。赋中之意，单道他家合为天子，誓取二乔。"周瑜说："此赋公能记否？"诸葛亮回答说："吾爱其文华美，尝窃记之。"周瑜急忙问道："试请一诵。"诸葛亮就趁势吟诵了"铜雀台赋"的内容。

听了诸葛亮的诵读，周瑜勃然大怒，气得离开座位骂道："老贼欺吾太甚！"而诸葛亮却急忙假意劝说道："昔单于屡侵疆界，汉天子许以公主和亲，今何惜民间二女乎？"听了诸葛亮的话，周瑜解释道："公有所不知：大乔是孙伯符将军主妇，小乔乃瑜之妻也。"而此时的诸葛亮却故意做出了一副惶恐的样子，忙解释道："亮实不知。失口乱言，死罪！死罪！"周瑜愤然答道："吾与老贼誓不两立！"诸葛亮趁势说："事须三思，免致后悔。"而此时的周瑜早就上了诸葛亮的当，他气愤地说："吾承伯符寄托，安有屈身降操之理？适来所言，故相试耳。吾自离鄱阳湖，便有北伐之心，虽刀斧加头，不易其志也！望孔明助一臂之力，同破曹贼。"诸葛亮心中一喜，接着说："若蒙不弃，愿效犬马之劳，早晚供听驱策。"周瑜附和道："来日入见主公，便议起兵。"就这样，诸葛亮精彩地完成了任务。

在这场辩论中，诸葛亮首先指出曹操极善用兵，以前只有吕布、袁绍、袁术、刘表敢于对敌，现在除了刘备之外，就无人敢与之抗衡了，言外之意分明是指周瑜无能，决不是曹操对手，直刺周瑜年轻气盛的心理。这是孔明一激周瑜。孔明运用"顺水推舟"法，故意将周瑜的假话当真，说只有投降曹操，才能保妻子、全富贵，才是识时务者，这话明显是讽刺周瑜懦弱无能，不忠其主。这是孔明二激周瑜。

孔明先是着重强调曹操有一统天下的野心，又假装不知大乔已是周瑜的主子之嫂，小乔早作周瑜之妻。此处极力表述曹操欲得二乔，周瑜如不是曹操对手，只得忍受此令，献出二乔。献妻投降，以保全自己，"二愿"以情羞周瑜。岂知曹操称心满意，周郎心何以甘？这就是历史上著名的孔明三激周瑜。

诸葛亮的"三激"，再加上曹植的《铜雀台赋》为证，周瑜修养再好，岂能忍此奇耻大辱？当然要痛下决心，与"老贼"决一死战了。至此，孔明智激周郎，大功告成。

[二　感音鱼雷的秘密]

第二次世界大战期间，德军给他们的潜艇装备了最新研制成功的感音鱼雷，这种感音鱼雷十分先进，能够根据敌方舰艇螺旋桨发出的声音跟踪追击，从而将敌舰击沉。这种新式武器使盟军蒙受了重大损失。

终于，美军好不容易击沉了一艘德军新式潜艇，还抓获了一位名叫汉斯的德国海军军官。汉斯曾参加感音鱼雷研制工作，并亲自操纵过这种新式武器，要揭开感音鱼雷的秘密，就寄托在这位汉斯中尉身上。

当时，负责审讯汉斯的是美国海军军官泰勒上校。他深知汉斯是个性格倔强的纳粹党人，不易屈服，便以交朋友的方式同他接触，取得了汉斯的好感。一个周末的夜晚，泰勒邀请汉斯到家中下棋，两人谈得非常投机。

汉斯问泰勒说：你为什么不审问我？

泰勒蔑视地回答道：你只是一个普通的军官，有什么好问的。

汉斯气愤地说：我是一个经过专门训练的优秀的鱼雷军官。

泰勒听了，故意用嘲笑地口吻说：你们德国的海军在世界上根本排不上号，还谈什么鱼雷！

汉斯大声说道：你太自以为是了，我们不仅有色雷，还有比你们先进得多的感音鱼雷。

泰勒摇了摇头，故作不信地说：你是在痴人说梦吧！世界上居然还有感音鱼雷这个东西，没听说过，你别吹牛了。

汉斯：真是少见多怪！

听了泰勒的话，汉斯再也控制不住自己了，当即画了一张感音鱼雷的草图，并详细指明了这种新式武器的特点。凭着这张草图，美军终于知道了感音鱼雷的奥秘所在，并找到了对付办法。

泰勒在这个故事里就成功地运用了"矫言激将"法，并借助此法，终于让汉斯主动说出了感音鱼雷的秘密。

17

指鹿为马

指鹿为马是指把真说成假，把假说成真，也就是颠倒黑白，混淆是非。从逻辑上讲，鹿与马是两个完全不同的概念，不论其外貌相似与不相似都不能混为一谈。可见，这是一种混淆概念的逻辑错误。但这种混淆概念不是无意识地，而是有意为之的，是为辩者的辩论目的服务的，是一种诡辩。

在辩论时，我们要善于戳穿别人的"指鹿为马"术，同时也不妨利用它，以达到一种特殊的辩论效果。

[微臣随驾扫荡芦州府]

朱元璋是一个贫民皇帝，在他建立国家后，很多家乡的穷朋友想凭借老关系来谋求一官半职，有些人很露骨地把从前在一起的一些恶作剧或不太光彩的事情全部说出来，以为这样就可以使皇上怀念旧情而重用自己，结果有的被轰走，个别还被推出去杀了头。

然而，一个以前和他一起放牛的同伴却凭着一张巧嘴谋取了大官。他也不远万里前来拜见皇上，皇上问他有何事禀报。他行过大礼后说："万岁，曾记否？当年微臣随驾扫荡芦州府，打破罐州城，汤元帅在逃，拿住豆将军，红孩儿当关，多亏菜将军。"朱元璋见他说得非常中听，既顾及了自己的面子和尊严，又把小时候在一起偷豌豆，煮吃的时候把罐子打破，自己只顾抢着吃而被红草叶噎住，幸亏这位放牛的伙伴帮助，才用菜叶把红草带下了肚子的事情巧妙地说了出来，朱元璋心中高兴，立即封他为御林军总管。

面对已经君临天下的朱元璋，这位放牛的伙伴巧妙地运用了"指鹿为马"法，既说出了小时候与皇帝一起放牛玩耍偷豆的真实情况，又顾全了皇帝的脸面，难怪皇帝给他封了一个大官。

18
借尸还魂

中国古代一般认为，人死后其灵魂可以借助别人的尸体而复活，后来人们用"借尸还魂"比喻某些已经死亡的东西，又借助某种形式得以复活的现象；有时也可以用来喻指某些新的事物或新的力量借助某种旧的事物或旧的形式求得发展的现象。

将"借尸还魂"作为一种辩论技巧来运用，就是说在辩论过程中，巧妙接过对方的话头，使其为我所用，随我之意，借题发挥，以此反击对方，攻他一个措手不及，从而取得辩论的胜利。

[一 脏乱问题]

有一次，曾任英国首相的威尔逊在群众大会上演讲。但台下的反对者却借机捣乱，还扰乱会场的秩序，甚至有一个人高声大骂："狗屎！垃圾！"

为了消除误解和骚动，威尔逊首相沉稳地报以宽厚的微笑，非常严肃地举起双手表示赞同，说："这位先生说得好，我们一会儿就要讨论你特别感兴趣的脏乱问题了。"

捣乱分子顿时哑口无言，而听众则报以热烈的掌声。

威尔逊的这一招就是典型的"借尸还魂"。他顺势接过对方的话头，再故意将"狗屎！垃圾"这两句骂人的话语曲解成了一个需要讨论的社会问题，谈笑间化解了对方的凌厉攻势！

[二　不烧皇宫]

俄国十月革命刚刚胜利时，许多苦大仇深的农民一心要烧掉沙皇住过的宫殿。很多人都劝说过这些激愤的农民，但却始终没有效果，最后，只好由列宁亲自出面，也就有了列宁与农民这样的对话。

列宁：烧房子可以，在烧房子之前，让我讲几句话，可不可以？

农民：可以。

列宁：沙皇住的房子是谁造的？

农民：是我们造的。

列宁：我们自己造的房子，不让沙皇住，让我们自己的代表住好不好？

农民：好！

列宁：那么这房子还要不要烧呢？

农民：不烧了！

列宁在这次对人民的劝说中运用的也是"借尸还魂"法。农民们要烧皇宫，是把皇宫看成皇权的象征。列宁却引导他们换一个角度看问题，使他们明白皇宫是自己的劳动成果，三言两语便解决了问题。旧酒喝光了，不必把旧瓶子打碎，完全可以用它来装新酒。这就是列宁的话语给我们的启示。

19
反客为主

反客为主是指客人反过来成为主人，指由被动变为主动。唐代杜牧注释的《孙子兵法》上记载："我为主，敌为客，则绝其粮道，守其归路；若我为客，敌为主，则攻其君主。"

把这种"反客为主"的策略运用在舌战中，指的是对论敌的提问不作正面回答，却以反话疑难的方式回敬对手，变被动为主动，变防守为进攻，让对手防不胜防，最终不得不闭嘴认输。

［一　死在海里和死在床上］

一个农民对一个准备出海的水手说："你父亲是怎样死的？"

"死在一次海难中。"

"你的祖父呢？"

"在一次暴风雨中，死在海里。"

"那你祖父的父亲呢？"

"也死在海里。"

"那么，我的朋友，你出海航行为什么一点也不害怕呢？"

水手没有直接回答，只是问农民："你的父亲死在什么地方？"

"床上。"

"你的祖父呢？"

"也像其他人一样死在床上。"

"那么，我的朋友，"水手说，"你每天晚上睡在床上，为什么不害怕呢？"

在这一辩论中，水手反客为主，他不直接回答农民的问题，却反过来问农民。只要这个农民稍微有点悟性，听了水手的反问，应该马上就能明白过来，自己开始所提的问题，是多么荒谬！

[二　红酒与白酒]

有个人来到一间酒店，要了一瓶红酒，看了看后又还给卖酒的并说换一瓶白酒。拿到白酒后，他不付钱就走。卖酒的一把抓住他说："你怎么不付钱就把我的酒拿去？"

这个人说："这瓶白酒怎么是你的呢，明明是我用一瓶红酒换来的。"

卖酒的说："红酒你也没付钱呀"

这个人却说："我又没有拿你的红酒，你怎么让我付钱呢？"

卖酒的一时给弄糊涂了，答不出话来，只得眼巴巴地看着人家把酒拿走了。

这个无理的顾客运用的就是"反客为主"，他用没有付钱的红酒换一瓶白酒，搞得卖酒的一塌糊涂。其实，某甲换酒的理由是不成立的，犯了逻辑上虚假论证的错误。

[三　许允之妻]

魏晋时期，有一个叫许允的读书人受父母之命娶了一个长得十分丑陋的女子为妻。行完交拜礼后，许允就没有再进洞房的打算。三天后，妻子主动找许允，问他究竟为什么。许允对她说：

"妇女应具备四种德行：妇德，要求贞顺；妇言，能够善于辞令；妇容，要求有美好的容貌；妇功，必须能织丝麻。你具备哪几条呢？"

许允的妻子应声回答道："新妇所缺的只是美好的容貌罢了。"紧接着展开攻势，反问道："但是，读书人应该具有许多良好的品德，您具备了哪几条呢？"

许允说："我全都具备了！"

许允的妻子说："多种品行中，德行排在首位。您喜欢女色而不喜欢德行，怎么能说全都具备了呢？"

许允的脸上露出了惭愧的神色。他从此对妻子采取了敬爱和尊重的态度。

许允之妻的这招反客为主，让丈夫无言以对。这个相貌丑陋的女子也确实很有才华。

[四　万能溶液]

有个年轻人想到大发明家爱迪生的实验室里工作。在面试中，爱迪生问他有什么志向，青年人满怀信心地说："我想发明一种万能溶液，它可以溶解一切物品。"

爱迪生听后惊奇地说："那么你想用什么容器放置这种万能溶液呢？它不是可以溶解一切物品吗？"

此时的年轻人非常羞愧，哑口无言。

这个故事中爱迪生的反话确实很厉害。他让自作聪明的年轻人意识到，所谓的发明万能溶液只能是一个梦而已。

20

避实击虚

避实击虚本是一种兵家谋略，指的就是避开敌军的主力，攻击其薄弱之处。《孙子·虚实》："兵之形，避实而击虚。"

在现实的辩论中，这种方法也可以被运用。避开论敌的正面攻击，而突出奇招，以打击其意想不到或有意掩藏的虚弱之处，从而达到保全自己、战胜对手的目的。

[能言善辩的红娘]

红娘是元杂剧《西厢记》中一个很经典的人物形象。相国夫人带着女儿崔莺莺赶赴京城，途中歇于普济寺内，被叛军围困。老夫人许诺说，谁解得普济寺之围，就把女儿崔莺莺嫁给他。张生也同样被围困在普济寺之内，他写信给白马将军，带兵解了普济寺之围。老夫人因嫌张生门第低微，不肯兑现诺言。张生与崔莺莺通过红娘传递情书，两情日笃，以至日夜幽会。老夫人终于察觉了，于是发生了拷红之事。事实上，崔莺莺与张生的幽会，是红娘促成的，追究责任，当在红娘，但红娘并不就传递情书一事展开辩论，而是跳出圈外，就老夫人失信一事发起攻势。

红娘说："事情跟张生、小姐、红娘不相干，是老夫人的过错。"

夫人："你这贱人反倒把我拉进去，怎么是我的过错？"．

红娘："信用，是做人的根本。做人不讲信用，还算得了什么呢？当日叛军包围普济寺，夫人答应将女儿嫁给退兵的人。如果张生不爱慕小姐，他肯轻易提出退兵的计策吗？现在兵已经退了，我们也获得了安定，夫人却不守原先的诺言，这难道不叫失信吗？再说，夫人既然不给他们两人结成婚姻，那就应该立即给张生赠送一些钱物，让他离开这里。可你却仍让他留在西厢，这样，他与小姐就可以相互来往。这不是夫人的过失吗？"

老夫人听了一声不吭，红娘又继续说下去：

"现在，老夫人如果不将此事平息，不让张生与小姐结成连理，那就一来会辱没相国的家风，给崔家造成不讲信用的坏名声；二来张生将来获得了官位之后，与别人成亲，我们崔家反会受到羞辱。如果现在告发到官府，办张生的罪，夫人也会有治家不严的罪名；如果官府深入调查询问，都会知道老夫人忘恩背义，到那时夫人还能够称得上是贤明的夫人吗？夫人，请你想得周到一些，还是成全了他们的终身大事为好！"

红娘说的一番话，可以说是击中了崔老夫人的要害，使崔夫人半晌说不出话来，心想，这小贱人说得有道理，我不该养了这么一个不肖的女儿。如果上衙门去请当官的处置吧，便辱没了崔家的名声。于是，她长叹了一声道：

"罢，罢！我们崔家没有犯法的男人，也没有再婚的女子，既然当初我已讲出了话，如今就把莺莺嫁给张生吧！"

在这场辩论中，红娘的高明之处就在于：她不局限于自己传递情书这件事与老夫人辩论，而是巧妙地采取"避实击虚"法，避开牵线的事不谈，却攻击老夫人的虚处："不守信用"，如此一来，红娘反而由被动变为主动，由被告变为控告者，把老夫人驳得哑口无言。

21

逐层逼近

逐层逼近指的是辩论要有层次性，就像剥竹笋一样，一层又一层，由浅入深，由表及里，层层递进，最后直逼你所要论述或驳斥的"核心"，它是一种重要的辩论方法。

运用这一辩论策略，要注意以下两点。

首先，必须事先确立一个明确的核心，即目的是什么。没有了这个核心，尽管你剥竹笋剥了千层万层，到头来却什么也没有剥出来，因为你是"无的放矢"。

其次，这个辩论都要围绕着已有的核心作文章。要记住：你每剥一层，每走一步，都是为这个核心服务的，千万不能离题。还有，在剥的过程中要循序渐进，前后衔接紧密，中间不能脱节，否则就会给人一种生拉硬扯、牵强附会的感觉，达不到应有的效果。

[一　最有本事的人怎么杀人]

一次，孔子游历泰山，中途他派子路去打水。子路走到打水的地方，碰上了老虎，经过一番搏斗，拉断了老虎尾巴，把它揣在怀里，打着水回来了。他问孔子："最有本事的人怎么打虎？"孔子说："最有本事的人打虎是抓住老虎的脑袋。"子路又问："有中等本事的人怎么打虎呢？"孔子说："抓住老虎的耳朵。""本事最差的人呢？"孔子说："本事最差的人打虎是捉住老虎的尾巴。"子路听罢，就拿出那条老虎尾巴，把它扔了，并且很恼怒地对孔子说："老师您知道打水的地方有虎还叫我去，不是让我去送死吗？"说着，便暗暗地把一块石头揣在怀里，准备把孔子打死。他又问孔子："最有本事的人怎么杀人？"孔子说："最有本事的人杀人用笔杆子。""有中等本领的人呢？""用嘴巴。""那么本事最差的人怎么杀人呢？""当然是用石头啦。"于是子路拿出石头扔了，从此对孔子非常佩服。

对于子路的逐层追问，孔子耐心巧妙地逐层回答，子路一层比一层追问得紧，孔子一层比一层回答得妙。子路懂了孔子的言外之意，当然不肯做只会用石头杀人的本事最差之人，于是死心塌地跟着孔子，学做最有本事的人去了。

[二 "正义"与"不正义"]

在色诺芬的《回忆苏格拉底》中，有一段关于苏格拉底和尤苏戴莫斯的精彩对话。

尤苏戴莫斯：我生平所做之事，有没有"不正义"的？

苏格拉底：那么，你能举例说明什么是"正义"，什么是"不正义"吗？

尤苏戴莫斯：能。

苏格拉底：偷窃是正义还是不正义？

尤苏戴莫斯：不正义。

苏格拉底：侮辱他人呢？

尤苏戴莫斯：不正义。

苏格拉底：偷窃敌人而侮辱敌人，是正义还是不正义？

尤苏戴莫斯：正义。

苏格拉底：你方才说侮辱他人和偷窃都是不正义，现在又何言正义呢？

尤苏戴莫斯：不正义只可对敌人不可对友。

苏格拉底：假如有一将军见其军队士气颓废，不能作战，他便欺骗他们说：'救兵将至，勇往直前吧！'因此，他的军队大获全胜，这是正义还是不正义？

尤苏戴莫斯：正义。

苏格拉底：小孩生病，不肯吃药，父亲骗他说"药味很甜"。孩子吃了，救了性命，这是正义还是不正义？

尤苏戴莫斯：正义。

苏格拉底：你说不正义只可对敌，不可对友，何以现在又可以对友呢？

尤苏戴莫斯：……

在这场辩论中，苏格拉底采取的就是逐层逼近的方式，他先是诱导对方排除那些不准确的观点，取得了关于"正义"的清晰而正确的认识，显示出他的极为高超的辩论艺术。

[三　喝一斗也醉，喝一石也醉]

战国时期的齐威王有个荒淫的癖好，那就是长夜喝酒放歌。每当夜幕降临，星月争辉的时候，他都喝得酩酊大醉。齐威王就这样混混沌沌地过日子，朝政一片昏乱。著名辩士淳于髡总想找个机会，劝说王彻底转变过来。

一天，齐威王大摆宴席，并邀请淳于髡陪酒。淳于髡认为机会来了。

席间，齐威王端起酒杯问他："先生能喝多少酒才醉？"

淳于髡说："臣喝一斗也罪，喝一石也醉。"

齐威王不解地问："喝一斗就醉的酒量，怎能喝上一石？"

淳于髡说："在大王面前被赐饮酒，执法的官员在身旁，记事的官员在背后，我心惊胆战俯首屈身而饮，只不过一斗就醉了。如果父亲有尊贵的客人，我卷起袖子，屈膝长跪，在席前敬酒，客人不时赐了我酒，我捧着酒杯为客人敬酒祝福，这样也不过喝两斗就醉了。如果朋友交往，阔别多年，邂逅相遇，高高兴兴地叙说旧情，窃窃私语地倾吐衷肠，喝五六斗就醉了。至于乡间宴会，男女混坐在一起，巡行劝酒，久久停留，又玩着六博、投壶的游戏，相互招引，配对比赛，即使手牵着手也不惩罚，眼睛直视也不禁止，前有坠地的耳环，后有落下的簪子，我暗自喜欢这种场面，大约喝八斗也只有三分醉意。日暮酒残，台梅共饮，促膝而坐，男妇同席，鞋子交错杂陈，杯盘一片狼藉，堂上熄灭了烛火，主人留下我而送走了其他的客人，女人的罗襦解开了衣襟，嗅到了缕缕香气，在这个时候，我心里最高兴，可饮一石。所以说，酒喝到极点便会迷乱，乐到极点就会产生悲哀，世间万事都是这样。这就是说，什么事都不要过分，过分了就会衰败。"

作为一个忠实的臣子，淳于髡看到威王沉溺于长夜之饮，误国误民，于是他借饮酒来进行讽刺。一开始用"臣饮一斗亦醉，钦一石亦醉"这一互相矛盾的话，紧紧吸引住威王，然后从容而谈，娓娓道来，层层逼近，最后点明主旨："酒极则乱，乐极则悲，万物尽然，言不可极，极之而悲。"齐威王听罢称赞说："好！"当即停止了通宵达旦的宴饮。

22

当头棒喝

"当头棒喝"这个成语来源于禅宗祖师教导人的方式。据说，禅宗祖师接待来学的人，常用棒对人虚击一下或大喝一声，要对方不假思索地做出反应，以考验其对禅理领悟的程度。后用"当头棒喝"比喻促人猛醒的警告。棒喝挫敌，一要靠威，二要靠突然袭击。对方在我突然袭击之下，无可提防，不明虚实，不知所措；于是乖乖就范。

[一 敢喝骂秦始皇的人]

历史上，秦始皇的母亲行为不太检点，她与冒充太监的嫪毐私通，并封他做长信侯，还替他生了两个儿子。嫪毐专权国事，奢侈骄横。有一次，他和侍中左右贵臣一起游戏喝酒，因喝醉了酒，说话争执发生冲突，嫪毐睁大眼睛怒气冲冲地说：

"我是皇帝的假父，你们这些穷小子怎能和我相比！"

跟他发生冲突的人把这话告诉了秦始皇，秦始皇非常生气。嫪毐害怕被诛杀，就抢先作乱，攻打咸阳宫。结果嫪毐失败了，秦始皇就派人把嫪毐的四肢绑在车子上，处以车裂之刑；秦始皇还将他的两个弟弟装在袋子里乱棍打死；把皇太后也幽禁到负阳宫。秦始皇并下令说：

"哪个敢因为太后的事情规劝朕的，朕就杀死他们，还要用蒺藜拍打他们的背脊躯干四肢，把尸体堆积到城阙下面。"

一些人反对秦始皇的这种做法，相继劝谏的已有二十七人了，都被活活打死，尸积成堆。这时，游历至咸阳的齐国布衣茅焦来到秦王宫前，对守宫卫士说："齐客茅焦要向皇帝进谏！"

皇帝派使者出来问："你是因为太后的事劝谏皇帝？"

茅焦毫不畏惧地说："是的。"

使者进去报告秦始皇说："果真是因为太后的事情来劝谏。"皇帝说："去告诉他：'你难道没有看见城阙下堆积的死人吗？'"

使者用这话问茅焦，茅焦说："我听说，天上有二十八个星宿，现在死的已有二十七个人，我所以要来，是想凑满这个数。我不是一个怕死的人。请进去报告皇帝，我茅焦的同乡都带着他们的衣服准备逃跑了。"使者进去告诉秦始皇，秦始皇大怒说：

"这个人有意来违犯我的禁令，赶快准备大镬，把他煮死！看他怎么能陈尸阙下，凑满二十八宿的数目。赶快叫他进来！"

秦始皇非常气愤。他命使者喊茅焦进来，茅焦不肯快跑，只脚挨脚地向前走。使者催促他快点走，茅焦说："我到了秦王面前就要死了！你难道不能让我多活一会儿吗？"

使者很可怜他。茅焦走到皇帝面前，行了个礼，便站起来大声说道：

"我听说，活着的人不忌讳死，有国的人不忌讳亡国。忌讳死的人未必能够活着，忌讳亡国的人未必能够保存。死生存亡的道理，是一个圣明的国君所急于想要知道的，不晓得陛下想不想知道它？"

皇帝说："什么意思？"

茅焦回答说："陛下有狂妄悖逆的行为，陛下自己难道不知道吗？"

皇帝说："是什么？我想听听。"

茅焦回答说："陛下车裂假父，有嫉妒的心意；把两个弟弟装在袋子里打死，有不慈的名声；幽禁母亲于负阳宫，有不孝的行为；用蒺藜把劝谏的人打死，有桀纣的残暴。现在天下的人知道这些事后，都纷纷背离秦。我是恐怕秦国灭亡，担心陛下遭遇危难哪。我要说的话已经讲完了，把我处死吧。"

话刚说完，茅焦就解开衣服伏在杀人用的刑具上。秦始皇顺势走下殿来，用左手拉起他，用右手示意左右道："赦免这位先生！请先生穿上衣服，现在我愿意接受你的教诲。"于是秦始皇立茅焦为仲父，爵位上卿。皇帝马上率领千骑万乘，将左边的位子空出来，亲自到负阳宫迎皇太后回咸阳。

皇太后非常高兴，还大办酒席招待茅焦，到了喝酒的时候，皇太后说："使冤屈得以昭雪，使失败变为成功，使秦国能够安定，使我母子又能够相聚，都是茅君的功劳啊。"

面对已经受诛的多个劝诫者，以及尸积成堆的这种情况，茅焦凛然无所畏惧，给予秦王当头棒喝，直言利害，终于使秦王顿开茅塞，将太后从负阳宫接回，自己也从死地得以复生。

[二　小鲁连棒喝训田巴]

鲁仲连是战国时倜傥高妙的名士，人们也称他鲁连。

小的时候，他就很有辩才，12岁那年，他与稷下辩士田巴展开过一场辩论，结果大获全胜。

田巴是齐国稷下有名的辩士，他狂妄地诋毁五帝，非难三王，詈骂五霸，离坚白，合同异，一天之内，便可使千人折服。当时12岁的鲁仲连便对他的老师徐劫说："我愿与田巴对辩，使他终身不敢乱发议论，可以吗？"老师同意了。徐劫便跟田巴说："我有个12岁的弟子，可是匹千里驹啊，希望能与你磋商辩论技艺。"田巴答曰："可。"于是，鲁仲连来到田巴这里，说：

"我听人家说过，厅堂上的污秽还没有扫除干净的时候，就来不及清除郊野的杂草；刀光剑影在面前，用短武器交锋的时候，就顾不得防备远处射来的飞箭。为什么呢？因为事情总得分个轻重缓急，首先要救急嘛。当前，楚国大军驻扎南阳，赵国军队攻打高唐，燕兵十万围困聊城，我国的形势十分危急，先生，你可有什么应急之计呢？"

田巴答道："没有办法。"

鲁仲连说："拿不出转危为安、救亡图存的办法，光说空话大话的人有什么价值呢？现在，我可以用计赶走南阳的楚兵，击退高唐的敌人，解除聊城的包围。真正的学者，就应该这样显示自己的才能啊！可您只会瞎吹，像猫头鹰的叫声一样，人们都讨厌极了。希望您以后少开尊口吧。"

田巴羞愧地说："知道了，知道了。"

一个号称日服千人的稷下辩士，反而被小鲁连一顿棒喝训斥，从此便一蹶不振，只好改行转业，终身再也不敢夸夸其谈、跟人辩论了。可见，鲁仲连辩论技巧之高明。

23
对照比较

对照比较是辩论中常用的手法。具体是指，在辩论中，举出两个相对的人或事物，造成一种鲜明的对比，或将相同的人或事物进行类比，使真的更真，假的更假，善的更善，恶的更恶，美的更美，丑的更丑，从而提高人们辨别是非曲直的能力，增强辩论的说服力，这种方法就是对照比较法。

[一　以剑止剑]

战国赵国的赵文王酷爱剑术，他聚集和培养了三千多名剑客，这些剑客不分昼夜地在文王面前相互刺杀，每年要因此死伤一百多人，可是文王乐此不疲。这样过了三年，赵国衰落了，别的诸侯国都在图谋进攻赵国。

赵国的太子悝对此事很是忧虑，便对侍从们说："谁能说服大王不再宠爱剑士，我要赐他千金。"侍从们说："庄子大概可以。"

太子便派人把千金献给庄子。庄子不肯接受，而是和使者一同去见太子，他对太子说："太子对我有什么指教，要赐给我千金？"

太子说："我听说先生您很圣明，所以向您献上千金，用来赏赐您的仆人，如今您不肯接受，我还敢对您说什么呢？"

庄子说："我听说太子想让我去做一件事，就是禁绝大王现在的这种爱好。如果我去劝说大王，而我的话既违逆了大王的心意，又辜负了太子的委托，就会受刑而死，我哪还用得着金子？如果我说服了大王，完成了太子的嘱托，在赵国我想要什么得不到呢？"

太子说："您说得对，我父王肯见的，只有剑士。"

庄子说："那好，我很精通剑术。"

太子说："我父王喜欢见的那种剑士，都是些蓬乱着头发，穿着短外衣，有鬓毛突出，低垂着帽子，戴着粗实的冠缨，喜欢瞪起眼睛争吵的人，只有这样的剑士，我父王才喜欢。如今您如果身穿儒服去见我父王，事情一定不会成功。"

庄子说："那就请让我缝制一套剑服。"三天之后，剑服缝制好了，庄子穿上剑服又去见太子，太子便带上他去见文王，文王抽出剑在那儿等着他。庄子进入宫殿的大门，没有加快脚步，见到文王也没有行礼。文王问："你对我有什么指教？还让太子来为你引见？"

庄子回答："我听说大王喜好剑术，所以想通过剑术来见大王。"

文王问："你用剑都能做些什么？"

庄子说："我动用我的剑，十步之内可以杀死一个人，走千里没有人可以阻拦我。"

文王非常高兴，说道："真算得上是天下无敌了。"

庄子说："舞剑的时候，要故意向敌手显示自己的虚弱，给对手以可乘之机，后发制人，却能抢先刺中对方。我希望能表演给您看。"

文王说："先生请先到住处休息，待我让人安排好比赛再去请您来。"

文王于是让身边的剑士互相较量了七天，死伤了六十多个人。最后选出了五六个剑士，让他们带着剑在殿下等候，接着文王请来了庄子。文王对庄子说："今天请先生和剑士们比剑。"

庄子说："我已经盼望很久了。"

文王问："您所使用的剑，长短合适吗？"

庄子说："我无论使用长剑还是短剑都合适。不过我有三种剑，听凭您来选择，请先允许我说明一下三种剑的情况，然后再开始比赛。"

文王说："我想知道你都有哪三种剑。"

庄子说："我有天子之剑、诸侯之剑、庶人之剑这三种剑。"

文王说："天子之剑是什么样的？"

庄子说："天子之剑，用燕溪石城来作剑锋，用齐国的泰山作为剑刃，用晋国、魏国作为剑的脊骨，用周朝和宋国作为剑口，用韩、魏国作为剑把，用四夷来作为装饰，用四时来填充，用渤海来缠绕剑把，用恒山作为系带，用五行作为剑的法则，用刑法来作为是否动用这剑的依据，靠阴阳之气来启动，春季夏季把这宝剑收藏起来，到了秋季和冬季就要使用它了。使用这把剑，直刺前面无可阻挡，往上刺无可阻挡，往下劈无可阻挡，挥舞起来周围无可阻挡。上可以砍断浮云，下可以砍断大地的根基。一旦动用了这把剑，就能够使诸侯归附，天下服从，这就是天子之剑。"

文王听得心动神迷，他又问："诸侯之剑是什么样的？"

庄子说："诸侯之剑，是用智勇之士作为剑锋，用清正廉洁之士作为剑刃，用贤良之士作为剑的脊骨，用忠诚之士作为剑口，用豪杰之士作为剑把。这种剑，直刺前面无可阻挡，往上刺也无可阻挡，往下劈也无可阻挡，挥舞起来周围也无阻挡。这种剑，上仿效天顺应日月星辰的运转，下仿效地方顺应四季的变化，中顺合人心使四方安定。一旦动用这种剑，就会引发雷击一般的震荡，四海之内，没有谁敢不听从命令而顺从地归附。这就是诸侯之剑。"

文王问："那庶人之剑怎么样呢？"

庄子说："使用庶人之剑的剑士，都是些蓬乱着头发，鬓毛突出，低垂着帽子，戴着粗实的冠缨，穿着短外衣，喜欢瞪着眼睛吵架的人，他们在大王面前互相刺杀，或是砍头，或是剖挖心肝。使用庶人之剑的剑士，和斗鸡没有什么两样，一旦被杀身死，便对国家毫无用处了。如今大王拥有天子的尊位，却喜好庶人之剑，我私下为大王惋惜。"

文王挽起起庄子走进了宫殿，接着，厨师端上了饭食，但文王只是在一旁转来转去的。庄子说："大王可以安心静坐了，关于剑的事我已经说完了。"

此后，文王三个月都没有出宫门，他所豢养的那些剑士都愤愤地自杀了。

庄子这就是运用对照比较法的典型例子，他向赵文王论述了天子之剑、诸侯之剑、庶人之剑的不同，以比喻不同的道德情操和治国方略，表现对赵文王只知斗剑取乐行为的鄙视，顺利地达到了说服赵文王停止斗剑取乐的目的。

［二　颜斶见齐宣王］

战国时的齐宣王召见颜斶。

齐王对颜斶说："你过来！"

颜斶却以同样的口气对齐王说："你过来！"

齐王极为恼怒。齐王手下的文武大臣也十分不满。齐王身边的一个卫士走过来，指着颜斶说："你是什么东西？敢对大王无礼。大王贵为一国之君，你这样跟大王说话成何体统？"

颜斶从容地回答道：

"如果我到大王面前，那就是趋炎附势；如果大王到我面前，就是礼贤下士，大家说趋炎附势与礼贤下士，哪一个更好？这不需要我回答了吧！"

齐王勃然大怒道；"到底是国君身份高贵还是你的身份高贵？"

颜斶不动声色地说："大王息怒，的确是士高贵，国王不高贵。当年秦穆公率兵攻打齐国，当他们的大队人马路过士人柳下惠的墓地时，秦穆公下令：凡到柳下惠墓地五十步范围内打柴煮饭、割草喂马的，格杀勿论！"

后来，当秦与齐交战时，穆公又下了一道命令：凡能割下齐王脑袋者，封万户候，赏黄金万两！从中我们可以看出，一个活着的国君的脑袋，还比不了死人坟墓上的一根野草！

顿时，齐宣王被气得目瞪口呆，哑口无言。

颜斶所说的"趋炎附势"与"礼贤下士""士人坟头上的野草"与"活着的国君脑袋"，都可以说是形成了鲜明的对比，强烈的反差。面对从容镇定雄辩滔滔的颜斶，势焰熏天的齐宣王一时竟连半句反驳的话语也说不出来了。

[三　义与不义之辩]

墨翟在《墨子·非攻》中，精彩地论述了义与不义的问题。

他举例说，假如现在有一个人，溜进别人的果园，偷别人的桃子、李子，大家听说了都会责怪他，官府的官员也会因此处罚他。为什么呢？因为他损人利己。而那些偷别人狗、猪、鸡的，他们的罪过比这偷别人桃子、李子的更大。为什么呢？因为他们对别人损害得更厉害，他们更加不道德，罪过更大。那些进入别人的栏厩，去偷别人牛马的人，他们的不仁之心比那些偷别人狗、猪、鸡的更厉害。为什么呢？因为他们对别人的损害极为严重，对别人的损害越严重，他的道德也就越败坏，罪过也越大。那些杀害无辜，抢去别人的衣物，夺取别人的戈、剑的人，他们的不义又比进入别人栏厩去偷牛马的人大多了。为什么呢？因为他们对别人的伤害更厉害。对人伤害愈厉害，他们的道德越败坏，罪过也越大。对于这些行为，天下的君子都懂得加以谴责，指责这些人的不义。可如今对于攻打别人国家这么大的事，人们却不懂得去谴责，反而纵容、赞扬这种行为，称赞它是义举。这能说是明白义与不义之间的区别吗？

对于杀人者，别人都要谴责这行为的不义，杀人的人必定要被判死罪，如果根据这种道理类推，杀一个人要判处死刑，杀了十个人就负有十重不义，一定要被判十重死罪；杀一百个人就负有百重不义，一定要被判一百重死罪。对此，天下君子都懂得加以谴责，指责这种罪行的不义，可是对于如今要攻打别人国家这样大的不义，人们却不懂得去谴责，反而加以纵容、赞扬，说这是义举。由于不明白这种行为是不义的，所以还把这种事记载下来，传给后代。如果明白这种行为的不义，还怎么会把这种事记载下来传给后代呢？现在这里有这么一个人，见黑的见得少，知道黑的是黑的，见黑的见多了，就把黑的说成白的。人们一定会说这个人分辨不出黑白；一个人苦味尝得少，知道说苦的是苦的，可吃苦吃多了，就说苦的是甜的，人们一定会说这个人分辨不出苦和甜。如今人们对于小的不义，知道加以谴责，而对于去攻打别人国家这样大的不义，就不懂得应该加以谴责，反而去纵容、赞扬，说它是义举。这能说是懂得义与不义之间的区别吗？由此可知，天下的君子对于义与不义的辨别是多么混乱啊。

墨子巧妙地运用了类比法，鲜明地指出了小不义和大不义实际上是一回事，可人们偏偏认为小不义是不义，而大不义却是义，真是奇哉怪也。

[四　止建道观疏]

唐睿宗李旦是唐代历史上的昏君。在妻女的提议下，他为两个女儿金仙公主、玉真公主营造两座道观，用钱百余万缗。

当时身为右补阙的辛替否上疏劝谏道："自古以来，失道家破国亡的，口说不如身逢，耳闻不如目睹。为臣将陛下亲眼所见的来说说。太宗皇帝，是陛下的祖父，拨乱反正，国家大治，不随意浪费钱财营造寺观却有福，不多度僧民却无灾，天地保佑、风调雨顺、粮食充足、蛮夷宾服、享国长久、名高万世。陛下为什么不效法太宗呢？中宗皇帝是陛下的兄长，抛弃祖宗的基业，顺从女子的意愿，没有才能却授予官禄的有数千人，无功却受封的有百余家，不停地建造寺庙，花费钱财数百亿，度为僧人、免去租税的有数十万，支出的越来越大，收入则越来越少，夺去百姓口中的粮食来养育贪残之人，剥去民众身上的衣服来装饰土木，因此人怨神怒，众叛亲离，水旱并至，国家和人民都贫困，享国没多久，灾祸便降临到他身上，陛下为什么不作为警戒而改过呢？近来水旱灾害相继，再加上蝗虫为害，人民饥饿，没有听说进行救济，却为陛下二女造观，用钱百余万缗。陛下难道可以不算算看当今府库中积蓄有多少，经费有多少，却轻易地用百余万缗供给毫无用处的工役，违背万民之心吗？陛下诛灭了韦后的家族，却不忍心地弃韦氏的罪恶；忍心抛弃太宗的法制，却不忍心抛弃中宗的政治；忍心抛弃太宗的长久之谋，却不忍心抛弃中宗的短促之计，陛下又怎么继承祖宗的事业、君临万民呢？况且陛下为太子时，见韦氏家族横行作恶，日夜忧虑，对这帮奸贼恨得咬牙切齿；现在幸好将他们除灭了，却又不改变他们的作为，为臣又担心会有对陛下恨得咬牙切齿的人啊！

为臣听说，出家修行之人，不关心尘世之事，清静其身，以淡泊为高，以无为为妙，手执两卷《老子》，视一躯天尊，无欲无营，不损不害，何必要那些珠台玉榭、宝像珠龛，使人困穷，然后才算是道呢？况且旧观完全可以居住，如果不滥兴土木，三年时间国家不富、人民不安、朝廷不清、陛下不乐，那么请将我杀身于朝廷，以警戒天下之言事者。为臣请求陛下停止两观的营建，将营建两观的钱财救济穷人，充实府库，这样公主的福德便无穷了。不然的话，我担心下人怨望不亚于前朝之时。前朝时，贤人愚者都知道要败亡，人们虽然有口而不敢言，因为话还没出口灾祸就要降临。对于被先朝诛灭的直言之士，陛下褒奖他们，这是因为陛下知道直言之士有益于国。愿陛下仔细考虑为臣说的话。"

作为忠臣，辛替否对于睿宗利用国家财富给两个女儿营造道观一事，上疏极力反对，他运用了对照比较法，举出唐太宗与唐中宗这样两个对比强烈的例子，揭示了劳民伤财营建道观做法的极端荒谬性与危害性，措辞十分激烈。睿宗看了上疏后，虽然没能采纳，但也觉得他言之有理，对他的直言大加褒扬，并升他为右台殿中侍御史。

24

巧拉家常

如果我们要劝说、游说别人，尤其是游说那些抵触情绪很强的人时，你开门见山地说出你的意图，总是会令他对你产生反感乃至厌恶，使你根本无法达到你的目的。这时不妨采取巧拉家常的战术，即和对方闲聊一些日常家庭琐事，引起对方感情的共鸣，减轻他的心理压力和抵触情绪，营造良好的交谈气氛，接下来你就可以转入正题，进行游说工作了。

善于运用巧拉家常法，拉家常的关键就是真诚。态度一定要诚恳，切忌言不由衷或打官腔；另外，巧拉家常只能作为话题的突破口，一旦时机成熟，应立即导入正题。

[一 触龙说赵太后]

战国时期，赵国威太后刚刚掌理国政之时，秦国就派兵攻打赵国。赵国急忙向齐国求救，但齐国答复说："一定得让赵公子长安君到齐国做人质，我们才能出兵。"赵太后不肯答应这个条件，大臣们再三劝谏，太后便明确告诉左右侍臣说："再有人来劝我让长安君去做人质的，我就非得把口水吐到他脸上。"

赵国的大臣触龙也想劝诫太后。开始，太后怒气冲冲地把他让了进来。而触龙慢慢走上前，到了太后跟前就自解说："我的脚有毛病，走路走不快，所以很久没见太后了。我私下里原谅了自己，但又怕太后身体不舒服，因此想来看看您。"太后说："我平常靠车代步。"触龙问："平日里饮食没有减少吧。"太后说："主要靠吃粥。"触龙说："我现在一点食欲也没有，使身体顺适。"太后说："我可不行。"说到这里，太后的神色略为缓和了些。

触龙说："我的儿子舒棋，是最小的一个，很不成器，而我又老了，私下里很怜爱他，希望能让他充当一名侍卫，以保卫王宫，我冒昧地把这个请求告诉太后。"太后说："可以。他年龄多大了？"触龙回答说："15岁了，虽然还小，但我想在自己死以前把他托付给太后。"太后问："您也喜欢您的幼子吗？"触龙说："比您对自己的孩子还喜欢。"太后笑了："我对幼子的怜爱可不同一般。"触龙说："我私下以为太后爱您的女儿燕后胜过爱您的幼子长安君。"太后说："你错了！我爱燕后不如爱长安君那么深。"触龙说："父母要爱孩子，就要为他们做长远的打算。太后当初送女儿到燕国去的时候，在后面攀着车子哭泣，想到她要去很远的地方了，心里就禁不住悲哀。送走她以后，也不是不想她，每到祭祀的时候就要为她祷告祝福，说：'一定不要让她回来啊！'这难道不是替她作长远的打算，愿她有子有孙，在燕国相继为王吗？"太后说："是这样。"触龙说："现在赵国三代以前的那些君王，直到建立独立的诸侯之国的肃侯，他们的子孙被封为侯的，如今还有继续存在的吗？"太后说："没有了。"触龙又问："不仅是赵国，其他的诸侯国，他们的先王子孙封公封侯的，现在还有存在的吗？"太后说："我没听说过。"触龙说："这说明诸侯为国，其灾祸近的殃及他们本身，远的殃及他们的子孙，难道君王的子孙就一定不好吗？只是因为他们地位尊贵而没有功劳，俸禄丰厚而没有贡献，却又拥有太多的宝物罢了。如今太后让长安君享有尊位，封给他肥沃的土地，并且还送给他许多宝物，而不趁您还在的时候让他为国立功，万一太后不在了，长安君怎么在赵国自立？我觉得太后为长安君作的打算太浅近了，所以认为您爱长安君不如爱燕后。"太后说："好！我听从您的意见，让他去做人质。"于是便为长安君备车百辆，送他去齐国为人质，齐国这才出兵救赵。

触龙不像其他的劝诫者直截了当地点明来由，而是通过巧拉家常，将自己的爱子之情来同太后对长安君的喜爱类比，从而取得了太后的信任；然后他又用太后对女儿燕后的爱惜方式及已亡国的诸侯爱子孙的方式与太后爱长安君的方式做比较，启发赵太后认识到为子女的长远利益考虑，才是对他们最大的爱护，从而很自然地达到了劝赵太后派长安君到齐国做人质的目的。

[二　棋盘演讲]

1952年，曾任美国总统的尼克松幸运地加入了艾森豪威尔总统的竞选班子。就在这时，有人诬陷他说：加利福尼亚的某些富商以私人捐款的方式暗中资助尼克松，而尼克松将那笔钱作为参议员所得收入。

尼克松始终坚持，说那笔钱是用来支付政治活动的，他绝没有据为己有。但是，艾森豪威尔坚决要求他的竞选伙伴必须"像猎狗的牙齿一样清白"。他准备把尼克松从候选人名单中除掉。

就这样，当年10月某天晚上10点30分，全美国所有的电视台、电台将各自镜头、话筒对准了尼克松——他不得不通过电视讲话解释这些捐款的来龙去脉，为自己的清白而做辩护。

尼克松在讲话中并不单刀直入地为自己辩解，以清洗丑闻给他蒙上的灰尘，而是多次提到他的出身如何低微，如何凭借自己的一股勇气、自我克制和勤奋工作才得以逐步上升的。这合乎美国那种竞争面前人人平等的国情，博取了观众和听众的同情。

讲话过程中，尼克松突然话题一转，似乎是顺便提起了一件有趣的往事，他说道：

"我在被提名为候选人后，的确有人给我送来一件礼物。那是在我们一家人动身去参加竞选活动的那一天，有人说寄给了我家一个包裹。我前去领取，你们猜会是什么东西？"

尼克松故意打住，以提高听众的兴趣。

"打开包裹一看，是一个条箱，里面装着一条西班牙长耳朵小狗，全身有黑白相间的斑点，十分可爱。我那6岁的女儿特莉西亚喜欢极了，就给它起了一个名字，叫'棋盘'。大家都知道，小孩子们都是喜欢狗的。所以，不管人家怎么说，我打算把狗留下来……"

这就是历史上有名的尼克松的"棋盘演讲"。

之后，美国的一份娱乐杂志马上把这篇"棋盘演讲"嘲讽为花言巧语的产物。好莱坞制片人达里尔·扎纳克则说："这是我从未见的最为惊人的表演。"

尼克松为了赢得人们的同情，公然地通过电视巧拉家常，最终使大家都认为他是无辜的，成千上万封赞扬他的电报发到了共和党全国总部。最后，艾森豪威尔总统也相信了尼克松，决定将他留在自己的竞选班子里。

25

善用利害

《孙子·虚实篇》中提到："能使敌人自至者，利之也；能使敌人不得至者，害之也。"意思是说，能使敌人自动进到我预定地域的，是用小利引诱的结果；能使敌人不能到达其预定地域的，是制造困难阻止的结果。

在进行辩论时，我们首先要用"利"打动对方的心，诱使对方因"利"而进；也要用"害"使对方心生畏惧，以使他知"害"而退。"利"与"害"交替巧妙运用，就能达到说服对方，使其为我所用的目的。

[一　颜率说齐王]

战国时期，秦国国力强盛，曾一度发兵威胁东周，向东周国君求要九鼎，周君手足无措，便把事情告诉朝臣颜率。颜率说："君王不必忧虑，可由臣东去齐国借兵求救。"

颜率赶往齐国，并面见齐王说："如今秦王暴虐无道，兴兵东向威胁周君，求要九鼎。我东周君臣在宫廷上想尽了对策，结果君臣一致认为：与其把九鼎送给暴秦，实在不如送给贵国。挽救面临危亡的国家是美名，得到九鼎，是极重要的宝物。但愿大王能努力争取！"齐王一听非常高兴，立刻派遣5万大军，任命陈臣思为统帅前往救助东周，秦兵果然撤退。

然而，当齐王向周君要九鼎时，周君又为这件事担忧。颜率说："大王不必担心，请允许臣东去齐国解决这件事。"颜率来到齐国，对齐王说："这回周仰赖贵国的义举，才使我君臣父子得以平安无事，因此心甘情愿把九鼎献给大王。但是却不知贵国要经由哪条路把九鼎运来齐国？"齐王说："寡人准备借道梁国。"

颜率说："不可以借道梁国，因为梁国君臣很早就想得到九鼎，他们曾在晖台和少海一带谋划这件事情已很长时间了。所以九鼎一旦进入梁国，必然很难再出来。"于是齐王又说："那么寡人就借道楚国。"颜率回答说："这也行不通，因为楚国君臣为了得到九鼎，很早就在叶庭进行谋划。假如九鼎进入楚国，也绝对不会再运出来。"齐王说："那么寡人究竟要从哪里把九鼎运到齐国呢？"

颜率说："我周君臣也在私下为大王这件事忧虑。因为'所谓九鼎，并非像醋瓶子或罐子一类的东西，提在手上、揣在怀中可以拿到齐国，也不像雀鸟落、乌鸦飞、兔跳、马跑那样可以很快直接进入齐国。当初周武王伐殷纣王获得九鼎之后，为了拉运一鼎而动用9万人，九鼎共81万人，此外还要准备相应的搬运工具和被服粮饷等物资。如今大王即使有这种人力和物力，也不知道从哪条路把九鼎运来齐国。所以臣一直在私下为大王担忧。"

齐王说："贤卿屡次来我齐国，说来说去还是不想把九鼎给寡人！"颜率赶紧解释说："臣怎敢欺骗大王呢，只要大王能赶快决定从哪条路搬运，我周君臣即可迁移九鼎听候命令。"齐王这才打消了获取九鼎的念头。

在诸侯称雄的战国时期，颜率先示之以"利"，诱使齐王救助东周，然后示之以"害"，让齐王明白所谓九鼎实在无法搬运到齐国去，结果不废一钱一地，就保全了自己的国家。

[二　烛之武说秦退兵]

公元前630年，晋文公和秦穆公联手发动了对郑国的攻击。当两军兵临城下之时，郑文公命大夫烛之武去说服秦国退兵。

当天晚上，烛之武被人用绳子绑住身体，从城墙上系了下去。他见到秦穆公说："秦晋两国军队围攻郑国，郑国人已经知道就要灭亡了。假如灭亡了郑国对您有好处，那么就麻烦您用兵也无所谓。要越过一个国家，使远方的土地作为本国的边邑，您知道这是很难办到的。既然如此，您又何必为了增加邻国的地盘而灭掉郑国呢？邻国的实力增强了，实际上就等于您的力量削弱了。假如您能放弃对郑国的进攻，它可以作为东路上招待您的主人，将来贵国的使者来往经过这里，能供应他们所缺乏的一切物品。这对您来说也没有什么害处。再说您曾对晋惠公施予恩惠，当时他把晋国的焦、瑕二地许给您。但他早晨刚刚渡河回国，晚上就修筑工事与您对抗，这也是您所知道的。晋国哪里会满足呢？损害秦国以有利于晋国，请君王认真考虑一下这个问题。"听了这番话，秦穆公觉得很有道理，当即和郑国人订立了盟约，就悄悄撤兵了。晋文公自觉孤掌难鸣，便也指挥军队撤出了郑国。

确实，不管是个人行为还是国家大事，往往都与利害相关，趋利避害是每个人都会做出的选择。烛之武深深懂得这一点，因此，他在劝说穆公退兵时并不是苦苦哀求，希望穆公大发慈悲，放郑国一马，而是很聪明地指出，此番攻郑到底于谁有利？于谁有害？真是一言点醒梦中人，于是穆公做出了上述明智的决定。郑国也凭烛之武的如簧妙舌得救了。

[三　胡服骑射之辩]

一次，赵武灵王与大臣们闲坐。他的亲信大臣肥义在一旁说道："大王可曾考虑到世事的变迁，权衡过军队的使用，回顾过简子、襄子的业迹，筹划过和胡狄争夺利益吗？"武灵王说："即位后不忘先王的德政，是做国君的本分。讲述以往教训以供参照，帮助国君维持长久的统治，这是臣下应有的言论。所以贤明的君主在无事的时候要向百姓讲述为人行事应遵循的准则，有事的时候就要建立超越先王的功业。作为臣下，不得志的时候应当遵照长幼谦让的礼节，显达的时候就要成就对百姓和君主都有益的功业。这两方面，分别说的是君、臣各自应尽的职责。现在我想继承襄子的事业，去开拓胡狄那里的土地，可是一直不能实现这个心愿。攻打胡狄这样的弱国，费力少而功劳多，可以使百姓不用费尽辛劳，就能实现空前的大功业。可是凡是建立了盖世功勋的人，必然会因为别人的不理解而受到非议；凡是有独立思想的人，必然会使凡俗的人震惊。现在我打算让百姓改穿胡服，学习骑射，我想世人一定会议论我的。"

肥义说："我听说：谋事如果犹豫不决，就不会成功；行动如果瞻前顾后，就没有成果。如今大王既然已经认识到一定会被不理解的人非议，不如根本不去顾及天下人的议论。崇尚最高道德的人，一定不去附和流俗；建立大功勋的人一定不同普通的人商量。当初舜在三苗跳蛮族的舞蹈，禹光着身子进入裸人国，都并不是为了淫欲和行乐，而是为了要传播道德建立功勋。愚昧的人在事情成功之后还糊里糊涂，聪明的人在事情初起的时候就能预见到结果。大王请照自己的想法做吧！"武灵王说："我并不是怀疑穿胡服是不是有好处，而是恐怕穿上胡服之后遭天下人讥笑，贤能的人就要因此感到戚惶。如果臣下顺从我的主张，胡服给国家带来的好处不知会有多大，即使是天下人都耻笑我，我也要穿上胡服，攻取胡地的中山。"

于是，赵武灵王穿上了胡服。他还派王孙绁去告诉公子成说："我已经穿上了胡服，并且就要上朝听政了，我也想让你改穿胡服。家中的子女要听从父母的，国家的臣民要听从国君的，这是古今的公理；儿子不违逆父母，臣下不违逆国君，这是先王一致遵守的规矩。现在我命令改穿胡服，而你却不穿，我恐怕你会遭天下人非议。治理国家应该有个原则，就是要把对百姓有利作为根本。施政应该有个总的规则，就是首先要执行命令。所以宣讲道德，关键在于使卑贱的人都能明白；行使政令，关键在于使高贵的人都能遵守。现在我改换胡服的考虑，并不是为了淫欲与行乐。做一件事总有它的原因，做成一件事也总有它的道理。事情成功之后，功业建成之后，做这件事的人的德能也就能被人理解了。现在我怕你违背行政的规则，所以帮你说明一下道理。况且我还听说，做事有利于国家，行为就不会出现偏差；依靠宗族的支持，名声就不会被败坏。所以我愿意借助你的深明大义，做成改换胡服这件大事。现在我让绁去见你，请你也改穿胡服。"

公子成行礼后说："臣下已经听说大王改穿胡服了，可是不才因为卧病在床，不能上朝，所以没能事先进谏。大王既然向臣下传下了命令，臣下也要大胆向大王表表忠心。臣下听说：中原是聪明睿智民族居住的地方，是各种财富聚积的地方，是接受圣贤教导的地方，是实行仁义的地方，是重视诗书礼乐的地方，是鼓励施展各种精巧技艺的地方。远方的人都前来参观，对他们来说这是明智的做法。可如今大王却丢掉了这些文化成果，改学远方民族的服饰。这实在是在改变古代圣人的教导，改变自古延续下来的训导，违背民心，背离经典，与中原文化疏远，我希望大王改变主意。"

使者将公子成的话告诉了武灵王。武灵王说："我原已知道他病了。"便到公子成家亲自向他解释说："服装，不过是为了方便穿用；礼仪，不过是为了有利于行事。因此圣人观察乡俗然后设计合宜的服饰，根据事理制定礼仪，所以才能对百姓有利，对国家有益。剪短头发，在身上刺绘花纹，在胳膊上刻画图案，衣襟向左开，这是瓯越的民俗。染黑牙齿，雕饰前额，戴大鲶皮帽，针线粗疏，这是吴国的习惯。各国礼仪、服装虽不同，可是却都是遵循着便利的宗旨。所以，乡情不同风俗就有改变，事理不同礼仪也有改变。因而圣人所依据的原则是：只要能有利于百姓，就不去强求他们的穿用一致，学儒学的人虽然是宗法一个老师，奉行的礼仪尚且不同；中原地区风俗相同，但教化程度却并不一样，又何况是偏僻的深山中的民俗呢。所以对于扬弃和继承的标准，就是再高明的人也不能做统一的规定，对于远近不同地域的服装，就是圣贤也不能使它们相同。穷乡僻壤之间，有很多奇异的风俗；深奥的学问中许多也非常富于智慧。对于自己不懂的东西，不要妄生猜疑，对于和自己的习惯不相同的东西不要去非议，这样才能公正地比较，择善而从。现在你所说的，都是一般世俗的道理，而我所说的，却是为了改变世俗的道理。如今我们国家东有黄河、薄水、洛水，这些条件和齐国、中山国相同，可是却没有使用舟船从事航运。从常山到代、上党，东边和燕国、东胡相邻，西边与楼烦、秦国、韩国相邻，可是却没有骑兵守卫边防。所以我才要集中船只，寻找居住在水上的船民，来防守黄河、薄水、洛水这一线的水路。同时，改穿胡服，学习骑射，来守卫三胡、楼烦、秦国、韩国一线的陆路边防。况且当初简子在晋阳和上党之间不设防线，而襄子兼并了戎，攻取了代，又去攻打诸历，这些史实是无论聪明人还是愚昧的人都明白的。过去中山国依仗着齐国的强大，出兵侵扰，夺取我国的土地，抢掠我国的百姓，还挖开河水围灌鄗城。如果不是祖宗神灵保佑，鄗城几乎要失守了。先王非常气愤，可是这个仇却没能报。现在我们改穿胡服，学习骑射，既可以防守上党，还可以报与中山国结下的旧仇。而你却为了顺从中原的风俗，违逆了简子、襄子的心愿，不愿担当改变服装所可能招致的骂名，竟然不顾国家蒙受的耻辱。这可不是我对你的希望。"

公子成向武灵王行礼后说："臣下实在糊涂，不明白大王的意图，竟敢用世俗之论来打扰您。现在大王您想继承简子、襄子的遗愿，以完成先王的业迹，臣下怎敢不听从您的命令。"说完，又行了两个礼，武灵王便赐了他一套胡服。

赵文劝诚武灵王说："农夫劳作而君子管理是治理国家的规则；愚昧的人发表自己的意见，而高明的人进行鉴别这是施教的原则。臣下不隐讳自己的忠言，国君不被虚枉的言论蒙蔽，这是国家的福分。为臣虽然愚昧，还是想向您尽一番忠言。"武灵王说："已经打定了的主意不会轻易被改变，尽忠直言没有过错，您说吧。"赵文说："统治者要引导民风，这是古来的正道；服装样式要有定规，这是礼仪的要求；依法行事不犯罪过，这是百姓的本分，这三条都是先圣的教导。如今您丢掉这些原则，而去仿效远方外族的服装，这是不守古代圣人的教导，不守古代先王的法则。所以臣下希望大王能改变主意。"武灵王说："你所说的都是凡俗的观点。普通的百姓沉溺于习俗之中，平庸的学者沉溺于平常的见闻，这两种人只能遵守长官意志、执行政令，却并不能深谋远虑，开创事业.况且三代的贤王服装并不相同，却都成就了王业；五霸各自实行的礼教并不相同，却都使自己的国家政通人和。所以总是贤明的人制定礼数，而愚昧的人则只会受礼教的制约；贤明的人懂得分辨风俗的优劣，而愚昧的人只能拘泥于风俗。只会受礼教制约的人，不值得同他讨论心得；只能拘泥于风俗的人，不值得同他交流思想。因此风俗要随时势的变化而变化，礼仪要随世事的变迁而变迁，这才是圣人应当依据的原则。心悦诚服地接受新的礼教，毫无私心地遵行国法，这才是臣民的本分。懂得学问的人，能通过别人的讲述改变自己不正确的看法，能够顺应礼俗的变革，能和时代一同进步，所以要大胆做自己该做的事，而不必顾及别人的看法；要制定符合当今情况的政令，不必一味去仿效古人。你还是放弃你原来的观点吧。"

赵文又进谏说："隐讳忠言，不肯把心里话全部讲出来，就是奸臣；出于私心来诋毁朝政，就是国贼。身犯奸侯罪该杀头，身犯国贼罪该被灭绝宗族。这两条罪过，先圣已经把处罚的办法规定清楚了，这也是做臣下的最大的罪过。臣下虽然愚昧，但愿意尽我的忠心，不敢逃避死罪。"武灵王说；"竭诚直言，是臣子忠诚的表现；君主不被虚言迷惑，是能够明察的表现。忠臣不应该逃避危险，明察的君主不应该不许人讲话，你说吧。"

赵文说："我听说：'圣人不改变民风而实行教化，贤能的人不改变习俗而统治国家。'顺应民风而实行教化，不费力气就能成功；根据习俗行事，考虑问题就能比较直接地获得结论。现在大王改变礼制，不依照旧俗，改穿胡服而不顾世人的议论，这不是教化百姓、遵行礼制的好办法。况且穿着奇装异服的人，他的心思一定会变得淫荡；风俗邪恶的地方，百姓的思想一定会混乱。所以一国之主不应该仿效穿奇异的服装，中原人也不应该仿效蛮夷之族的行为，这样做并不能达到教化百姓、遵行礼制的目的。而且遵照旧时礼法不会有过错，仿效古人礼仪就不会出现邪恶。我希望大王改变自己的主张。"

武灵王说："古今风俗代有不同，该以哪一代的风俗为标准？帝王们遵从的礼仪各不相同，该遵循哪一朝帝王的礼制才算正确？伏羲、神农只对百姓进行教化而不使用刑罚，黄帝、尧、舜虽然也使用刑罚但却不施酷刑。到了三王当政，也是根据时势变化而制定法度，依照事理的需要制定礼仪。所以他们规定法度命令，都是以适用为前提的。他们对于衣服器械的要求就是要便利使用。所以用礼法教化百姓，不必只用一种方法；治理国家，不必仿效古人。圣人兴起的时候，并没有因袭先王却能够统一天下；夏朝、商朝衰败的时候，没有改变以往的礼法，可最终还是灭亡了。如此看来和古代的制度不同，并不一定就应该被责怪；而拘泥于古代的礼仪，也并不一定该被称誉。况且如果说穿奇异的服装，人的心思就会变得淫荡，那么邹国、鲁国就不会有行为杰出的人才了；如果说风俗邪恶的地方，百姓的心思就会混乱，那么吴国、越国就不会有才能出众的人才了。所以圣人对衣服的要求是穿着便利，对于教化的要求是便于统治国家，对于礼节的要求是要对人在社交场合的人际交往有帮助。规定服装的样式，是为了限制普通人的穿戴，并不是用来作为评论贤能与否的标准的。所以圣明的人总能使风俗随着时代一起变化，贤德的人总使自己的思想和时势一起变化。俗语说："根据书中的方法来驾车，并不能了解自己马匹的情况；用古代的礼法来限制现在的行为，并不能符合眼前的实际。'所以虽然维护了古代的法制却并不值得自高自大；效法了古代的学问，却并不一定能借以处理好当今的时事。贤卿还是不要再反对我了。"

在这一历史事件中，赵武灵王为了富国强兵，抵御北方少数民族骑兵的凶猛袭击，毅然决定实行胡服骑射。这在战国时期是一件轰动一时的大事。在实施这项重大的移风易俗的改革措施之前，赵武灵王预计到他的举动必然会招致许多人的不理解和非议，于是，他首先从说服思想保守的宗室重臣入手，启发他们不能囿于华夷之见、祖宗之法，而应当从国家目前的实际利益出发，敢作敢为。这样就使朝廷内部君臣的思想取得了一致，从而使这项措施的实行有了可靠的保证。在对朝臣的劝说中，赵武灵王注重向他们析之以利害，晓之以大义，充分显示了一个英明君主的雄才大略和纵横辩才。

26

含蓄讽谕

作为修辞手法的讽谕是指用说故事、故作姿态等方式表达自己的思想观点。

当我们在说服别人时遇到不宜直接陈言的情况，我们就可运用这种方法。因为显得较为含蓄，故听者一般不会有反感。对于那些老子天下第一、不大爱听反面意见的人来说，这种规劝方法尤其合适。

[一　善于劝谏的长孙皇后]

众所周知，唐太宗是个从谏如流的皇帝。可是到了晚年，他看到天下一派太平景象，也慢慢滋生出了骄傲的情绪，有点厌恶批评了。偏巧有几天，大臣魏征常到他面前絮叨，指斥他的过失，比如劝阻他不要去山南游玩了，比如讽喻他不要贪图玩乐了，他一度对魏征的话有点不耐烦了。

一天唐太宗罢朝回宫，还愤怒地说："等我找个机会，非杀死这个庄稼佬不可，省得他一天到晚总来揭我的短，找我的麻烦！"长孙皇后听了大吃一惊，赶紧追问："又是哪个大臣触怒了陛下，惹您那么大的火？""还不是魏征那个老东西，他每次都当着大臣的面讲我的过失，当众羞辱我，搞得我下不来台，真是岂有此理。"

长孙皇后是太宗的贤内助。她早已发现皇上近两年有点陶醉于歌舞升平，讨厌批评。可是如果因此就对皇上讲一些该像当初一样虚心纳谏的大道理，正在气头上的皇帝又哪里听得进去？长孙皇后想出了一个办法。

回到自己的寝宫后，长孙皇后就像是要参加盛典一样，整整齐齐地穿上礼服，重新来到太宗的寝官中，向太宗请安。太宗突然看见长孙皇后这副打扮和姿态，有点惊呆了，不解地问："你今天这是怎么了，干吗这么庄重？"长孙皇后满脸堆笑，高兴地答道："我来给陛下贺喜来了。""贺的什么喜呀？"太宗更加茫然了。长孙皇后一本正经地说："我听说'主圣臣忠'，皇上英明了，大臣就会尽忠心，敢于进谏；如果皇帝昏聩，周围只会有阿谀奉承之徒。如今陛下英明，所以大臣魏征等才敢于直言无隐，才敢于当着您的面批评您的缺点。我荣幸地在后官服侍您，看到您身边有魏征这样一些忠臣保驾，为朝廷尽心竭力，使大唐的江山万年长久，我怎能不来祝贺呢？"

听了皇后的话，唐太宗才恍然大悟。他虽然明白皇后是在替魏征说情，在拐弯抹角地批评自己不对，但是他对皇后更敬服了，对魏征的进谏也更加虚心听取了。

长孙皇后就是巧妙运用了"含蓄讽谕"的办法，她不说太宗昏庸，反而说他英明，所以魏征等才敢于直言谏君，这话太宗当然听得顺耳。太宗为了显示自己果真像长孙皇后所说的一样"英明"，他就不能杀魏征，非但不能杀，还得虚心听取他的逆耳忠言，否则就不"英明"了。可见长孙皇后的口才真是厉害！

[二 让一杯水永远不干掉的办法]

一位台湾同胞对"一国两制、和平统一"的政策不太了解，于是他询问中国驻外的一位工作人员：

"台湾与大陆有不同的社会制度，你们为什么想把两者统一起来呢？"

那位驻外人员于是先给他讲了这样一个故事：

有一次，佛祖释边牟尼给弟子们进授禅理，他问道："你们想让一杯水永远不干掉，有什么办法呢？"

弟子们都面面相觑，不知如何回答。

释迦牟尼微笑道："把它放到大海里不就永远不会干掉了吗？"

弟子们顿时恍然大悟，明白了其中的道理。

这名驻外人员接着说："你想想，作为一个国家不统一，四分五裂，怎么能在复杂的世界斗争中坚强站立呢？台湾是一个小岛，只有回归祖国的怀抱，才有光明的前途。"

在这里，我国的驻外人员就是运用了"含蓄讽谕"法，将"一国两制，和平统一"的政策讲解得形象、生动，使人听了顿开茅塞。

[三　远水救不了近火]

历史上的齐国是鲁国的邻邦，鲁国国君鲁穆公不去和齐国结盟，反而把自己的王子和公主纷纷送到远离鲁国的晋国和楚国去结亲和做官，希望在鲁国遭难时，得到晋、楚两国的援助。

鲁国的大臣犁巨认为这种方法是不正确的，便对穆公说："假如这儿有人掉进大河里马上就要淹死了，岸上的人都说：'越国人最善于游泳，快派人去越国求救吧。'大王，您说这人救得活吗？"

鲁穆公笑着说："真傻啊，越国那么远，越人再善游水，这个人也别想活命。"

"那么，"犁巨又问，"如果鲁国京城发生大火灾，有人对您说：'海里的水最多，快派人到海边运水来救火。'大王认为能行么？"

"不行，不行，"鲁穆公说，"等海水运到，京城早就烧成灰烬了。"

"是呀，"犁巨说，"这就叫作'远水不救近火'。现在晋、楚两国虽很强盛，但远离鲁国，倘若鲁国一旦有难，就会像远水救不了近火一样。而齐、鲁相邻，不同齐国结交，实在危险啊！"

对于国君的错误决策，犁巨利用了"含蓄讽谕"法，巧妙劝说鲁穆公，鲁国必须和相邻的齐国搞好关系，这样鲁国遭难时，才有可能"近水救近火"。

第七章

千古论战

01
子贡的合纵救鲁

春秋时期，齐国的田常想要派兵讨伐鲁国。然而，鲁国是孔子祖先坟墓所在之地，怎能容人践踏？于是孔子派他的得意门生子贡出面制止。

子贡赶到齐国，开始对田常游说。他说："你讨伐鲁国，实在是个大错误！"于是洋洋洒洒说了一通鲁国不能攻的道理。子贡把田常说得连连点头称是，田常当即表示改攻吴国。但他又说："可是我的兵已派往鲁国了，离开鲁国到吴国，大臣们必定会对我产生怀疑，怎么办呢？"子贡说："您按兵不动，我请求前往吴国见吴王，让他救鲁伐齐，你再因此而派兵迎战吴国，这样就师出有名了。"

田常接受了他的计策。于是，子贡就去南方面见吴王。他面见吴王说："我听说，做国君的不能没有后代，而想建立霸业的不能有强大的对手，千钧的重量，加上一珠这样微小的分量，称锤就会偏移。如今拥有万乘之众的齐国，要私自夺取有车马千乘的鲁国，与吴国争强。我私下为大王您担忧啊！如果解救鲁国，就会显名于天；讨伐齐国，又有大利可图，可以扶助泗水流域的诸侯，诛除残暴的齐国，迫使强大的晋国屈服。再没有比这更大的好处了。名义上是保全了危在旦夕的鲁国，实际上是困住了强大的齐国，有智慧的人对此是不会怀疑的。"

吴王说："好啊！不过我曾经与越国作战，将他们围在会稽。越王正苦其心志，劳其筋骨，休养士卒，对我有报复之心。您等我讨伐完越国之后再听从您的计策吧。"子贡说："越国的力量不如鲁国，越国的强大不如齐国。大王放弃齐国而进攻越国，那么齐国就会趁机把鲁国吞并了。况且大王已有存危忘、继绝世之名，却讨伐小小的越国而畏惧强大的齐国，真不能算勇敢啊！勇敢的人是不逃避艰难的；讲仁义的人是不会单方面毁约的；有智慧的人是不会坐失良机的。如今您应当保存越国以向诸侯显示您的仁义。解救鲁国讨伐齐国，向晋国施威，那么各国诸侯必然竞相归顺吴国，您的霸业就可以成功了。如果大王实在仇恨越国的话，我请求去面见越王，令他出兵，跟随大王讨伐齐国。这样做实际上越国就空虚了。"吴王十分高兴，就请子贡前往越国。

越王勾践热情地接待了子贡，而子贡则开门见山地对越王说："我劝说吴王救鲁伐齐，吴王虽然有想去的意思，但又害怕越国，声称'等我讨伐了越国后就行'，如果这样，攻取越国就是必然的。再说，没有报复别人之心，而被人知道，这就危险了；事情还没办，就走漏了消息，这就可能毁一旦。这三种情况都是干事情的大忌呀！"

越王勾践连忙叩头拜谢子贡说："我曾经自不量力，与吴国打仗，被困于会稽，我对此痛彻骨髓。"于是问子贡有什么好办法。子贡说："吴王因为勇猛残暴，众大臣都不堪忍受他的统治。吴国因为屡次战争而凋敝，官兵们无法忍耐，百姓也都怨恨吴王。太宰嚭做事，对吴王百依百顺，从不指责他的过错，只图保住自己的私利。这都是败坏国家的做法啊！如今大王您发兵帮助他，赠送重金、宝玉以取悦于他的心，用辞谦卑以表示对他的尊从。那么，他一定会去讨伐齐国，而不再与越国为敌了。如果他讨伐齐国没能取胜，就是大王的福气。如果他战胜了齐国，必然用兵威逼晋国。我再请求到北面去见晋国国君，让他与诸侯一起攻伐吴国，吴国必然被削弱。而且吴国的精锐都在齐国，他的大军都在对付晋国，这时大王趁机进攻吴国，一定会灭掉吴国的。"越王听后好不欢喜，同意照子贡的计策行事。

子贡离开越国，便回到吴国，向吴王报告说："我恭敬地将大王的话告诉了越王，越王十分恐惧，他说：'我十分不幸，小时候便失去了父亲，内心又不自量，得罪了吴国，导致军败自辱，栖身于会稽，国家沦为废墟荒原。全靠吴王的恩赐，才使我没有失去宗庙社稷。吴王的恩德，我到死不敢忘怀，哪里敢图谋不轨呢？'"五天之后，越王果然派大夫文种到吴国商量派兵协助攻打齐国的事宜。在这种情况下，子贡又离开吴国去到晋国。

子贡面见晋国国君，并对他说："我听说，不预先考虑事情的后果，就无法应付突然的事变；不预先分析军事形势，就不可能战胜敌人。如今吴国与齐国就要打仗了，如果齐国打败了吴国，越国必然随之大乱；如果吴国打败了齐国，吴国必将兵临晋国。"晋国国君大惊，问子贡："对此应怎么办呢？"子贡说："修造武器，休养士卒，做好与吴国打仗的准备。"晋国国君同意了。随后，子贡离开晋国回到了鲁国。

不久，吴王果然与齐国军队在艾陵交战，大败齐军。然而，吴军并未得胜返回吴国，而是兵临晋国，与晋国军队在黄池之上相遇。吴、晋两军争强，晋军勇猛攻击，大败吴国的军队。越王听到这个消息，马上渡江袭击吴国，离城七里扎下营寨。吴王听到这个消息，马上离开晋国返归吴国，与越国在五湖交战。打了三仗，都未取胜。结果吴国城门失守，越军包围了王宫，杀死吴王夫差和他的臣相。灭亡吴国三年后，越国在东方称霸。鲁国也由于子贡游说成功而幸免于难。

02
邹忌谏齐王、辩淳于髡

　　邹忌是战国时齐国人。他很有才华而且还能言善辩。公元前371年，他得到齐威王的赏识，从一个下层知识分子，平步青云，官拜相国，并爵封成侯。他巧用说辩谋略，帮助齐威王纳谏进贤，励精图治，成就了霸王之业，也实现了自己的政治主张。

　　公元前379年，田因齐继承父位成为齐国新的君主后，步吴、越国君之后尘，偕号称王，是为齐威王。他称王之后，颇为自得，整天陶醉于声色犬马之中，很少再理朝政。乘着齐国政治腐败之机，韩、魏、鲁、赵等国相继起兵伐齐。而齐国边将心无斗志，屡战屡败，不少国土沦于敌国之手。面对国家的衰败局面，齐威王仍然执迷不悟，而作为一个下层知识分子的邹忌却心急如焚。邹忌深知，要改变国家的面貌，必须先从改变威王的精神状态开始，而要转变威王的精神状态，必须有一个适当的办法。为此，邹忌经过三天三夜的苦苦思索，终于想出了一个主意。一天上午，他穿戴整齐，赶到王宫，叩见威王说："私下听说大王喜好音乐，臣下对琴颇有研究，因此特来求见。"威王一听，心中大喜，立即命左右将琴取来，摆在邹忌面前。邹忌装模作样地把手放在琴弦之上，既不弹奏，也不言语。威王不解其意，问道："先生刚才自称善琴，寡人很想欣赏一下你的技艺，可你抚弦而不弹，是嫌琴不好，还是对寡人有意见？"邹忌把琴推在一边，一本正经地回答：'臣所擅长的是关于琴的道理，至于具体弹奏，那是乐工们的事。臣虽然也会弹奏一点，但弹出来大王也不一定愿听。"威王说："那你就先讲讲琴理吧！"邹忌说："琴的本意是禁的意思，因为它的基本功用是禁止淫邪，使人归正。最初伏羲氏作琴之时，规定琴长3尺6寸6分，象征一年366天；琴广6寸，象征六合；琴形前广后窄，象征尊卑有序；上圆下方，象征天地；琴设五弦，象征金木水火土五行。大弦是君，小弦是臣。琴音以缓急而分为清浊，浊音宽而不弛，象征为君之道；清音廉而不乱，象征为臣之道。君臣相得，政令和谐，就是治国之道。臣所了解的琴理就是这些。"威王感到邹忌讲得新鲜有趣，但仍未明白他的用意，于是说："讲得很好。先生既然深知琴理，想必也谙熟琴音，愿先生为寡人试弹一曲。"邹忌说："臣以操琴为本职，当然应该谙熟琴音；大王以治国为本职，不是也应该谙熟治国之道吗？现在大王拥有国家而不用心治理，这与臣抚琴而不弹的道理是一样的。臣抚琴而不弹，不能使大王满意；大王抚国而不治，恐怕也不会使全国百姓感到满意吧！"齐威王这时才恍然大悟，不禁怦然心动，赶紧说："原来先生是以琴为喻，劝谏寡人用心治国，寡人懂得你的意思了。"接着威王命左右先领邹忌到贵宾室安歇。第二天，威王沐浴之后，召邹忌进行详谈。邹忌向威王畅谈了自己的治国主张，力劝威王节欲远色，息民教成，以图霸王之业。由于邹忌先用说辩谋略打动了威王，他所说的话威王都听得津津有味。此后不久，威王便任命邹忌为相国，以辅助自己治理齐国。

在这场成功的劝说中，邹忌依靠三寸不烂之舌，可以说是轻松得到了相印，这在齐国曾引起了不同反响：有的羡慕，有的嫉妒，有的不平。淳于髡对邹忌很不服。淳于髡乃是齐国的辞令家。他曾作为齐威王的使者出使赵国搬兵救齐，退却来犯的楚军。他满脑子都是巧妙的比喻，曾用"一鸣惊人"的隐语讽喻齐威王，使齐威王精心治理朝政。淳于髡自恃才高，为了和邹忌比高低，他挖空心思编了五个隐语，企图以此难为一下邹忌。他想，如果邹忌出了洋相，至少可以发泄一下自己胸中的恶气。准备就绪之后，淳于髡便带着自己的学生们去见邹忌。邹忌态度谦恭，亲自出室相迎，请坐让茶之后，便问："先生此来，有何见教？"淳于髡态度傲慢，很不客气地在上座就位后，不冷不热地说："我有一些从政治国的主张，想说给相国听听，不知是否可以？"邹忌说："愿听先生赐教。"淳于髡说："子不离母，妇不离夫。"说完八个字，他便颇为自得地察看邹忌的反应。不想，邹忌立即回答说："谨受教，不敢远于君侧。"淳于髡见第一个隐语被识破，马上说出了第二个："棘木为轮，涂以猪脂，至滑也，然则投入方孔则不能运转。"邹忌又不假思索地说："谨受教，不敢不顺人情。"淳于髡又说："弓干虽胶，有时而解，众流入海，自然而合。"邹忌又答："谨受教，不敢不亲附于万民。"这时，淳于髡已有点紧张，但仍然未露声色，继续说："狐袭虽敝，不可补以黄狗之皮。"邹忌又应声回答："谨受教，一定选用贤人，而不把不肖之徒混于其间。"淳于髡见四个隐语均被识破，不由头上的汗珠掉了下来，但箭在弦上，不能不发，只得硬着头皮说出最后一个隐语："辐毂不较分寸，不能成车；琴瑟不较缓急，不能成律。"邹忌继续从容回答说："谨受教，一定请大王修法令而督奸吏。"至此，淳于髡费了很大劲才编出的五个隐语全被解破，遂无话可说，改容相谢，然后告退。出来之后．淳于髡的学生们见老师的神色同来时大不一样，齐声相问："夫子来时挺胸阔步，为何现在低头不语？"淳于髡说："我说了五个隐语，他都随口而应，完全了解我的意思。相国确有真才实学，我实在不及，不服气不行呀！"

淳于髡五难邹忌的故事后来广泛流传，各国游说之士都很佩服邹忌，无人敢到齐国同其一比高低。邹忌对于淳于髡也未因此心存芥蒂，反而成为了好朋友，经常一起切磋学问和政治。

03
商鞅变法驳群臣

  商鞅又名卫鞅、公孙鞅，是历史上秦国变法的大功臣。青年时代，他在魏国宰相公孙痤门下当食客，被提拔为中庶子。公孙痤发现他是一个人才，打算把他推荐给魏惠王。可他不久却病倒了。魏惠王去探视，公孙痤就趁机推荐商鞅做下任宰相。惠王未置可否。公孙痤只好说："大王如果不录用，就得杀死他，不能让他到别国去。"惠王答应了。公孙痤等惠王走后，又把商鞅叫进来说："我刚才推荐你继任宰相，可是惠王没吱声，看来他不赞同。所以我又说，如果不用你一定要杀掉你，大王却同意了。你快逃走吧。"

  公孙痤死后，惠王并不理会公孙痤的警告。此时魏国西部的秦国，21岁的孝公刚即位，决心继承献公遗志，雄心勃勃，要干一番事业，发出"招贤令"，罗致人才，凡是能出奇计强大秦国者，必赐予高官厚禄。

  商鞅立刻奔赴秦国，通过孝公亲信景监推荐，谒见了孝公。第一次面见孝公，商鞅大谈尧、舜之道，洋洋洒洒，孝公却睡着了。

  过了五天，孝公第二次召见，这次商鞅又大谈尧、舜、周文王、武王之道，滔滔不绝，孝公昏昏欲睡。直到第三次召见商鞅，商鞅谈的是称霸天下的谋略，孝公才产生了兴趣，但也没有说要录用他。商鞅退出，孝公不再像前次那样把景监痛骂一顿，而是说："你推荐的人还真行，可以和他谈谈。"商鞅对景监说："我这次讲的是称霸天下的谋略，大王很感兴趣，我已经知道君王的意图了，请再安排一次会见。"第四次谒见，两人谈得很投机，一连讨论了好几天，还不觉得疲倦。景监很奇怪。《史记》道出了商鞅的计谋，为了获得孝公赏识，商鞅先故意述说帝王之道，这是他的一种手段。商鞅本来推崇"刑名之学"，却在初会秦孝公时大谈王道，其实是为了摸清孝公脉搏，以便有针对性地征服孝公。他因此获得孝公信任，开始了自己的政治生涯。

秦孝公很赞同商鞅的想法，想起用商鞅变法。于是，他专门召开了一次会议，讨论变法大计。会上孝公对群臣说："继承君位，不能忘了巩固政权，这是国君应当遵守的原则；实施法制，务必阐明国君的长处，这是臣下应有的品行。我现在想通过变法来治理国家，变更礼制来教育百姓。但是恐怕天下人非议，所以要大家发表意见，一起来想办法。"

商鞅率先说出了自己的观点，提出了"治世不一道，治国不法古"的主张。他说："法是为爱护人民而制定的，就是为了办事而形成的。所以高明的人只要能使国家富强，就不死守旧法；只要能对人民有利，就不一定遵循旧礼。"

商鞅的主张虽然得到了秦孝公的赞成，但却遭到了甘龙和杜挚等人强烈的反对。甘龙说："不对。我听说，高明的人不改变民众的习俗来进行教化，有智之士不变更旧法而治理国家，这样，不费力就会成功，官民相安无事。现在如果不按秦国的旧制办事，改变礼制来教化人民，恐怕天下都会非议君上。愿王明察。"

商鞅马上反驳道："甘龙所说，不过是世俗之言。一般人总是安于旧习惯，迂腐的学者也往往沉溺在所学的学问之中。所以，这两种人做官都固守旧法，是不能和他们讨论旧法之外的事的。夏、商、周三代礼制不同，但都称王于天下；齐桓公、晋文公等五个霸主各自的法令也都不同，却都称霸于诸侯。所以高明的人制定法规，而愚蠢的人只能受制于法；贤能的人变更礼制，而无能之辈只会被礼制约束。拘泥于旧礼的人，不足以之谈论国事；受制于旧法的人，不足与之讨论变革。王不必再疑虑了。"

然而，杜挚也为甘龙帮腔说："我听说，没有万倍的利益，就不变法；没有十倍的功效，就不能更新器具。还听说有这样的话：'效法古代没有错，遵循礼制不会出偏差。'请王很好考虑！"

商鞅又果断地予以反驳："前代教化人民的方法都不同，哪有什么方法可仿效？历代帝王的礼制都不相重复，又有什么礼可遵循？远古的伏羲、神农时代教育而不惩罚，后来的黄帝、尧、舜就实行惩罚了，但不滥施惩罚，及至周朝的文王、武王，都是各自根据当时的形势而立法，根据事情的具体情况来制礼。显然，礼和法是因时势的需要而制定的，制度和法令要与形势相宜，各种兵器、铠甲、器械装备都要便于使用。所以我说：治理国家不是只有一种方法，只要有利于国家就不必效法古代。商汤王、周武王都不遵循古法，一样兴盛起来；夏桀、商纣虽然没有变更旧礼制，却也灭亡了。由此可见，不效法古代的人未必有可非议之处，遵守旧礼的人不足以多加肯定。国君不要再疑虑了！"

可以说，商鞅的这一番雄辩，使甘龙、杜挚的守旧论调顿时变得苍白无力，而秦孝公的疑虑也打消了。他说："好，即使天下的人都来议论我，我也不再犹豫了。"至此，才有了一场惊心动魄的"商鞅变法"。

因此，商殃也被孝公提拔为左庶长的要职，全权实施一系列变法，内容包括政治、经济、社会、文化等，目的在于确立中央集权制度，达到国富兵强的目的。

商鞅的变法促使秦国富足强大起来，内政清明，生活安定。周显王也把祭肉赐给孝公，以示特别厚崇。诸侯也都纷纷来礼赞。

04

苏秦游说显神通

苏秦是战国后期著名的纵横家。他的一生都在汲汲于名利，并善于游说和权诈。据说，他和张仪曾向战国纵横家鬼谷子求过学，之后到诸侯国进行游说。他先以连横的主张去劝说秦王，上书十次，却也没被秦王采纳。黑貂的皮袍子破了，一百两金币也用光了，资财日用没了来路，他只好离开秦国回到洛阳。缠着绑腿，穿着麻鞋，挑着行李书籍，形容枯槁，面目黧黑，脸现惭愧之色。回到家，妻子在织机上见他那副样子，像没看见一样，动也不动；嫂子不给他做饭；父母也不和他说话。他从此发愤读书，翻箱倒柜地找出姜太公著的《阴符》，潜心研究谋略，仔细揣摩，读书欲睡，锥刺其股，血流至足。他决心通过游说得到卿相之尊位。

苏秦的一生基本上服务于燕国，在齐国从事反间活动，同时奔走于齐、赵、韩、魏等国之间，组织合纵攻齐与合纵攻秦。他精心策划，使齐西劳于宋，南疲于楚，从而牵制齐的精力，转移齐对燕的视线，以防止齐国吞并燕国。

燕文公二十八年（前334年），苏秦北去游说燕文公，劝说燕国和赵国合纵相亲，联合天下诸侯，以防损患。燕文公说："既然您可以用合纵方略使燕国获得安全，我愿意率领全国民众听您的安排。"

燕文公给了苏秦车马和金银布帛，让他去游说赵国国君。在这之前，他曾去过赵国，但那时赵肃侯用他的弟弟公子成为相，封为奉阳君。奉阳君不喜欢苏秦，游说未能如愿。此次来赵国，奉阳君已死，苏秦乘机劝说赵肃侯。他先把赵肃侯吹了一通，说："很久以来，天下的公卿大臣和一般官吏，一直到普通士人，都仰慕您这样贤明的国君能施行仁义，都愿听您的教诲，在您面前倾诉忠言。但奉阳君嫉妒贤能，您又不甚理事，因此，宾客和游说之士，没人敢亲自来向您倾吐忠言。现在奉阳君去世了，您又能跟士人百姓亲近起来，所以我才敢向您陈述我的一些不成熟的意见。"

接着，苏秦详细分析了赵国与各国的利害得失，并顺势提出了合纵战略。他说："我依据天下之势分析，各国土地五倍于秦，各国兵力十倍于秦。六国结为一体，合力西攻秦国，秦国一定会被打败。可现在你却西向服事秦国，对秦称臣。六国合纵联盟，共同抗秦，那么，秦军一定不敢出函谷关来进攻山东各国。"赵肃侯听了苏秦的劝说，很是赞同，说："我年纪轻，管理国家的时间短，还没有听到过使国家长治久安的谋略。现在有您这样尊贵的客人好心保天下，安定各国，我愿率全国之众听从您的安排。"于是送装饰车子100辆，黄金1000镒，白璧100双，锦绣1000匹，让苏秦去游说各国组织合纵。

这以后，苏秦又先后游说了韩宣王、魏襄王、齐宣王、楚威王，每到一国，他都从该国利益出发，陈述利害，让各国看到合纵对本国的好处。因而六国合纵成功，并力同心。苏秦做了合纵联盟的盟长，一身佩六国相印。苏秦约定六国合纵联盟之后回到赵国，赵肃侯封他为武安君。苏秦把合纵盟约送到秦国，秦国慑于六国之力，不敢出函谷关进攻各诸侯国达15年之久。

由于合纵之六国各有自己的利益，当秦国派犀首欺骗齐国和魏国，和他们联合进攻赵国时，合纵遭到破坏。齐、魏进攻赵国，赵王当然要责备苏秦。苏秦害怕，就请求说出使燕国，设法报复齐国。苏秦一去，合纵联盟也就此瓦解了。

公元前338年，秦惠王把女儿嫁给燕太子为妻。这一年，燕文公去世，太子燕易王继位。齐宣王乘燕大丧攻燕，夺取十余座城池。燕易王对苏秦说："从前您到燕国，先王同意您合纵抗秦的谋略，资助您去见赵王，于是约定六国合纵。现在，齐国首先进攻赵国，接着又进攻燕国，让天下人耻笑，都是因为您。您有办法替燕国恢复被齐侵占的土地吗？"苏秦听了，感觉很惭愧，说："让我替您把失地收回来。"

苏秦面见了齐宣王，先是拜了两拜，并俯伏在地表示庆贺。然后，他抬起头又为齐王将有不幸而表示慰问。齐王很奇怪，说："为什么庆贺和慰问相继这么快呢？"苏秦说："饥饿的人宁肯饿着也不吃乌头，是因为这种东西有剧毒，虽然能充饥，但吃下去的结果和饿死是一样的。如今，燕国虽小，但燕易王是秦王的小女婿。大王贪图10个城池的利益，却造成长期与强大的秦国结仇的结果。如果弱小的燕国为先锋，强大的秦国在后面做掩护，招引天下精兵来攻击您，您就是得了这10座城池，不是和饥饿的人吃乌头一样吗？"齐王一听，吓得脸色都变了，说道："事已至此，该怎么办呢？"苏秦说："古代善于处理问题的人能够转祸为福，因败为功。大王如能听我的计谋，应该归还燕10座城池。燕国不费一兵一卒收回10座城池，一定非常高兴。秦王知道您是因为秦国的缘故而归还燕国10座城池，也一定非常高兴。大王因此抛弃仇怨而得到磐石般的友谊。如果燕国、秦国都愿服侍于齐国，那么大王您号令天下，也不会有人敢不听从了。您只需要空口表示依附秦国，却能用10座城池取天下之威，这才是成就霸业的谋略呢。"齐王听了说："好。"便把10座城池归还了燕国。

苏秦为燕国收回了失地，保住了国家，而国内却有人诋毁他，说他是一个左右摇摆、出卖国家、反复无常的人，甚至有人预言他会作乱。苏秦怕得罪燕王，连忙回到燕国。燕王也不让他担任官职了。苏秦会见燕王说："我本东周一鄙人，没半点功劳，而大王却在宗庙里授予我官职，在朝中以礼相待。现在我替您说退了齐军，收回了城池，按常理，您对我应当更加亲近。现在我回到燕国，您却不给官职，这一定是有人以不诚实的罪名在您面前中伤我。我把老母亲丢在东周，本来就抛弃了个人利益，没有为自己打算，一心帮助别人进取的。如果有一个孝顺像曾参，一个廉洁像伯夷，一个诚信像尾生的人，这样三个人来服事大王，您说怎么样？"燕王说："足够了。"苏秦说："曾参孝道，不肯离开父母在外住宿一晚，又怎么能让他步行千里，来服侍弱小燕国和处于危难中的燕王呢？伯夷廉洁，不肯做周武王臣子，饿死在首阳山上，大王怎么可能让这种人步行千里到齐国去干一番利于大王的事业呢？尾生守信用，和女朋友约好在桥下相会，女朋友没来，洪水来了他也不离开，抱着桥柱子让水淹死，这样的诚信之人，大王怎么可能让他步行千里，去齐国迫使齐国退兵呢？我是因为忠诚而得罪大王呢！"燕王因为听信了诬告，说："是你自己不忠信，难道还有因忠信而获罪的吗？"苏秦说："不是的。从前有个在外地做官的人，他的妻子与别人私通。丈夫快回来了，跟她妻子私通的人很担心。妻子说：'你别担心，我已准备好毒药等着他呢。'过了三天，丈夫果然回来了。妻子让小妾端着毒酒送给丈夫。小妾想告诉他酒里有毒，却恐怕他会驱逐主妇；如果不说，又怕主妇毒死丈夫，于是就假装昏倒，把酒泼到了地上。丈夫大发雷霆，打了小妾50竹板。小妾假装昏倒泼掉毒酒，保住了丈夫性命，成全了主妇。但她却免不了毒打。所以说，信守忠诚有时也会得罪他人。我的过错，很不幸，跟这个故事正好相类似。"

燕王听了苏秦的话，马上消除了不信任情绪，说："先生您还担任原来的职务吧！"从此以后更加优待苏秦了。由此可见苏秦为人的聪明和机智。

05
陈轸与秦惠文王的辩论

　　陈轸是战国时期有名的的辩士和纵横家，他在外交谋略上很有一套，但在政治上却很没主见。他不忠于某一国君。今天为这一国君出谋划策，明天也可能为另一国君出谋划策，因而他一生在政治上并不得志。

　　一开始，陈轸和张仪二人都在秦惠文王手下任职，二人在外交谋略和说辩谋略上又都是高手。这就应了那句一山不能藏二虎的俗语。二人都想争宠，张仪首先向秦王中伤陈轸，说："陈轸把我们秦国的内情告诉了楚国。我不能再和这样的人一同共事了。""你说的话有根据吗？""他想逃出秦国到楚国去，这就是最好的证据。大王可以调查一下，如果有这方面的迹象，请您立即处罚他。"秦王把陈轸叫来，问，"你是不是想去什么地方呀？说说看。"陈轸已经察觉张仪在对他进行中伤，胜败可就在此一举了，于是镇定地说："对，我想去楚国。"陈轸的直率，倒使秦王有些不知所措。

　　"的确像张仪说的那样，你在我们的敌国楚国名声很好，是因为把我们的内情告诉了他们，是这样吗？"

　　"话不能这样说。楚王的确是想招用我。不过，这正是因为我忠实于自己的国家的缘故。把所在国的秘密泄露出去的人，谁愿意任用呢？大王，您可听说过下面这样一则故事吗？有一个男人，他有两个妻子。另一个男人先向年龄稍大些的那个求爱，被拒绝了；然后他又向年龄小的那个求爱，对方一口答应了。不久，那两个女人的丈夫死了，有人问那个求爱的男子：'你要娶哪个？年大的还是年小的？'那个男人答道：'当然是年龄大的那个了。''咦，年龄大的那个不是让你碰了钉子吗？和你好的不是年小的那个吗？'那男人答道：'正是因为这样，所以要娶的话，当然要选那个拒绝过我的那个更可靠。别人一求爱就满口答应，这样轻浮的女人怎么能够做妻子呢？'"

陈轸说完这个故事后说："如果我把秦国的秘密泄露出去的话，楚国还会任用我吗？"

秦王觉得陈轸的话很有道理。后来，秦王决定让张仪任相国，陈轸便投奔了楚国。楚国并没有重用他，却又派他出使秦国。

陈轸到达秦国时，秦惠文王正为一件事为难。那就是，韩魏两国已经交战一年多了，秦惠文王征求朝中臣子的意见，看是否出面去制止。有的大臣说去制止为好，有的说不制止为好，弄得秦王也拿不定主意，恰巧陈轸来了。

陈轸本是因为秦惠文王任用张仪为相而到楚国去的，秦王不知道陈轸此番到秦国是否会真心为他出主意，于是他婉转地问："你离开秦国前往楚国，也想念我吗？"陈轸反问道："大王您听说过越国人庄舄的故事吗？"秦王说："没有听说过。"陈轸说："越国人庄舄在楚国任执圭（春秋战国时诸侯国爵位名）。不久他病了，楚王问：'庄舄原来是越国乡村里地位很低下的人，现在担任楚国执圭，显贵富裕，也思念故乡越国？'侍从回答说：'人们在生病时，往往思念家乡。他思念家乡，说话时，就会用家乡口音说话；不想念家乡，他就操楚国口音。'楚王请人去探访，庄舄果然用家乡口音说话。现在，我虽然被遗弃驱逐到了楚国，大王您难道没听出来我用的是秦国口音吗？"

听了陈轸的话，秦惠文王连忙说："好。"然后立即把自己的难题告诉了他，说："请您在为楚怀王出谋划策之余，也为我出出主意。"陈轸回答说："有人给您讲过卞庄子刺虎的故事吗？猎手卞庄子见两只老虎正在争吃一头牛，卞庄子就要去刺杀老虎。旅舍小伙计上前制止，说：'两只老虎正在吃牛，吃到来劲时就一定会争起来，两虎相争一定会有一场恶斗，争斗的结果一定是大的伤，小的死，趁大老虎受伤时再去刺杀它，一举两得。'现在韩魏两国交战，一年不能和解，这就类似卞庄子刺虎的故事。"秦惠文王听后高兴地说："好极了。"于是没去制止，坐观两国互相残杀。最后果然大国伤而小国亡。秦国乘机出兵，打败了韩国。

06
张仪的辩论

张仪是战国是著名的纵横之士，他和苏秦都曾在鬼谷子门下学习游说之术。苏秦也多次承认，自己的能力不及张仪。张仪全靠一只舌头游说四方，求取功名。有一次他跟随楚相国昭阳饮酒，席间，昭阳随身一块玉璧丢失了。在那个时代，这种玉器不是一般的装饰品，而是特殊权力和身份的象征。门客们怀疑是张仪偷的，说："张仪家贫，品行不端，一定是他偷了相国您的玉璧。"他们把张仪抓起来，重打数百板。张仪死不承认，他们也只好把他放了。回到家，妻子又疼又急地说："唉！你要是不读书不到处游说，老实在家躲着，哪会遭受这样的侮辱呢？"张仪对妻子说："你看我的舌头还在不在？"妻子一听笑了说："舌头还在呢！"张仪回答说："只要舌头还在，这就够了。"后来张仪到了秦国，秦惠王任他为客卿。张仪想起当年受辱之事，写信正告楚相国昭阳说："当初我跟你饮酒，我根本没偷你的玉璧，你却鞭笞我。现在你小心点，守好自己的国家吧，我不要你的玉璧，却要'偷'你的城邑。"

纵观张仪的一生，他最主要、最精彩的谋略活动是辅助秦惠王，拆散了苏秦精心策划的合纵战略。最开始听从张仪游说而背弃合纵条约的是魏哀王。秦惠王九年（前329年），张仪入秦。秦惠王请公子华和张仪围攻魏国蒲阳。夺取该城之后，张仪乘机建议秦王把蒲阳归还给魏，并且派公子繇到魏国做人质，与魏修好。张仪又去劝说魏王："秦王对待魏国这样宽厚，魏国也不能失礼呀。"为了感谢秦惠王的恩德，魏国于是献出了上郡15县（今陕西省西北部和内蒙古自治区鄂托克旗一带）和少梁（今陕西省韩城南）这些地方，使秦占据了河西地区。秦惠王因张仪之谋征服了魏国，就任他为相。

秦惠文王三年（前322年），张仪辞去了秦相，假意投奔魏国，目的是让魏国带头归顺秦国，再让其他各国效法它，以达到连横战略之目的。

张仪的一通威胁利诱以及巧妙的辩论完全打动了魏王的心，魏王再不顾六国合纵抗秦的事了，就通过张仪跟秦国和好。张仪完成了分化魏国的同时，又辞去魏相职务，重新回到秦国当国相了。

秦惠文王十二年（前313年），秦国想要攻打齐国。但是，当时齐楚仍处于合纵联盟，秦王就派张仪到楚国做策反工作。楚怀王听说张仪来了，空出高级宾馆，亲自送他去住处。楚王谦卑地问道："您到我这偏僻鄙陋的国家来，将给我以什么指教呢？"张仪说："如果您听我的建议，跟齐国废除盟约，断绝往来，我请求秦王将商於（今河南省淅川县西南）一带六百里土地进献给您，让秦国美女成为服侍大王您的姬妾，秦楚两国娶妇嫁女，互通婚姻，永结兄弟盟好。这是北面削弱齐国而西面有益于秦国的好计策。"楚王一听，十分高兴。当时对张仪的阴谋只有陈轸看出来了，便劝说楚怀王不要上当。但刚愎自用的楚怀王根本听不进去，斥责陈轸说："你就闭嘴别说了，等着我不费一兵一卒，得六百里土地吧。"楚怀王把相印授给张仪，又赠送了大量财物，立即与齐断绝关系，派人跟随张仪到秦国接受土地去了。

回到秦国后，张仪假装登车时没有拉住绳索而从车上掉下来摔伤了腿，三个月不上朝，更不提割地之事。昏庸的楚怀王愚蠢地想：大概张仪认为我与齐断交还不很坚决吧，于是就派勇士奉符节到齐国去辱骂齐王。齐王大怒，折断了符节，忍气与秦国建交。秦齐两国建交后，张仪才去上朝，毫不脸红地对楚国使者说："我自己有六里封地，愿意献给楚王。"楚国使者很惊讶地说："我受国王之命，前来接收商於六百里土地，不曾说是六里。"于是立即回国报告给楚王。楚怀王一怒之下，派将军屈匄出兵进攻秦国。因秦齐已建交，两国共同反攻楚军，斩首军八万，杀了屈匄，夺取丹阳（今陕西、河南两省的丹江以北）和汉中（今陕西省南部和湖北省西北角）之地。楚王又增兵袭击秦国，在蓝田（今陕西省蓝田县西）大战，楚军大败，方圆六百里土地为秦所有，楚国只好割让汉中郡跟秦国讲和。

正在这时，秦国就乘机要挟楚国，想用武关外的土地交换楚国黔中（今湖北省西南部、湖南省西北部、贵州省东北角和四川省黔江流域）地区。楚王恨透了张仪，说："我不愿交换土地，只要秦国肯交出张仪，我就献出黔中地区。"秦王觉得拿一个张仪换来大片土地是很合算的，想送张仪，却不忍开口。没想到张仪竟然请求去楚国。秦惠文王说："楚王恼恨你背弃奉送商於之地的诺言，你不是去送死吗？"张仪却很自信，说："秦强楚弱，我奉大王符节出使楚国，楚王怎敢杀我。如果楚王杀死我，秦国因此换得黔中之地，这正是我的最大愿望。"张仪使楚，通过好友楚国大夫靳尚收买了楚王夫人郑袖。郑袖在楚王面前白天黑夜地劝说："臣子各为其主服务，秦国派张仪来是尊重大王的表现。大王不以礼招待，却要杀死来使，秦王一定大怒，出兵攻打楚国。求大王把我们母子迁到江南去吧，以免遭受残害。"怀王闻听，后悔不已，连忙赦免了张仪，并像上次一样优厚地款待他。张仪又乘机用人质、美女、土地拉拢劝说楚王："秦楚相连，本应是亲近的邻邦。大王如能听我的意见，我就会让秦国的太子到楚国做人质，楚国太子也到秦国做人质，秦国美女送给大王做姬妾，送给大王居民万户的都邑，两国长久为兄弟，一辈子互不攻伐，没有比这更好的谋略了。"楚王不顾屈原的劝解，又一次答应了张仪。

之后，张仪再次运用威胁利诱的手段，先后说服了韩、齐、赵、燕，其"连横"谋略接连取得成功，使秦更加强大，加速了秦统一中国的历史进程。

07

苏代见昭王辩公仲佟

苏代是苏秦的弟弟，也是战国时有名的纵横家。所谓"纵横"，"纵者，合众弱以攻一强也，而横者，争一强以攻众弱也。"苏代善于学习，研究形势，奔走于各国之间，成为当时的合纵连横的发动者、组织者。由于各国之间的矛盾复杂，形式变化无常，政局动荡不定，合纵连横的基础也就不稳固。但是，苏代还是能驾驭风云，掌握主动权。特别是提出以楚、魏为援国，共同抑制齐、秦的主张，为燕国游说诸侯，约请诸候合纵，在历史上产生了深远的影响。

公元前314年，燕子之统治国家的第三年，朝臣和百姓都对他很不满，国内出现了接连不断的动乱。几个月里，死亡几万人。百姓惊恐不安。齐国乘乱出兵占领燕国达三年之久。

公元前312年，燕国的军民纷纷起来反抗，齐军也被迫撤出燕国。于是，燕人立太子平为王，这就是燕昭王。昭王即位后，决心复兴国家和报仇雪恨。有一次苏代去拜见昭王时说："我听说大王睡不好觉，吃不好饭，常常想着如何报复齐国。"昭王说："我对齐国有深仇大恨。齐国是燕国的仇国，我想攻打齐国。但是，我感到燕国国力还疲惫，力量不足。"苏代分析了燕国的情况后，着重就对齐国采取什么策略谈了自己的看法。他认为："燕国弱小，国力不足以与齐国单独抗衡，只有同别国结盟，才有可能打败齐国。"同时，他指出："齐国由于连年征战，人力、财力明显不足，一定很贪财。国王应先派去人质，主动与之和好，再送珍珠、绸绢去贿赂齐王和其亲信。这样，齐国就不会把燕国放在眼里，而去攻打宋国了。我们只需等待其不攻自破。"

因此，燕国在之后长达204年的时间里，表面上与齐国友好，实际上却在背后秘密与各国来往，结成了广泛同盟，耐心等待报仇机会的到来。当齐灭宋后，国力逐步衰竭。公元前284年，燕组织了一次同盟国对齐国的重大进攻。燕派乐毅领兵，统率燕、秦、楚、赵、魏、韩六国之兵攻齐。结果齐军大败，燕军乘胜前进、长驱直入，一举攻占了包括齐国都临淄在内的七十多座城池。齐国一败涂地，国王被杀，这在战国史上是少有的。《史记·乐毅列传》说："诸侯害齐湣王之骄暴，皆争合纵与燕伐齐。"应该说苏代的合纵策略起到了重大作用。

楚国地处于南方，在淮河和汉水流域有许多小国，早在春秋后期战国初期，楚国就不断在这些地区消灭了十几个小国。可以说，战国时楚灭的国家最多，疆域也最大。公元前307年，楚国发兵围攻韩国的雍氏城（今河南禹县），韩国形势十分危急。韩军冒死昼夜抗击，打退了楚军的数次进攻。但因连日抵抗，韩国人力、物力消耗极大，就向东周征调军需物质。周王室只占有王城洛阳附近相当于现在十多个县的一片土地，人口不多，力量微弱，物资不足，无法满足韩国的需要。为此，东周君深感忧虑，坐立不安、夜不能寐，便询问苏代有什么好办法？苏代笑答："我自有良策，不仅能使韩国不向您征调兵甲、粮草，而且还能为您白白得到高都（今河南洛阳南）的土地。"东周君起身忙对苏代说："倘能如此，我愿将国家托付给您管理。"

于是，苏代出使韩国，并向韩相国公仲侈询问："你知道楚国昭应所说的话吗？昭应曾劝楚王说：'韩国已被战争拖得筋疲力尽，现在国库空虚，粮食匮乏，民心相悖，哀鸿遍野，没有办法坚持下去了。如果乘此饥荒之际发动进攻，不出一个月就能拿下韩国。'如今兵临雍氏城下已五个多月，仍然没有攻破，这是以说明楚国缺乏足够的力量，攻打雍氏城的事应慎重考虑。楚王开始对昭应的意见置之不理，而您却向东周征兵甲、调粮草、济危困，这不等于把韩国的内情明白地告诉了楚国吗？昭应要是知道这些情报，肯定要劝说楚王增兵攻打雍氏城，那么，雍氏城就指日可破了。"公仲侈觉得苏代说得有道理，后悔向西周征调军需，但又无法挽回了。苏代又说："还来得及，你可以把高都送给东周嘛。"公仲侈满脸不快地问："为什么呢？我不向西周征调兵甲与粮草已经是给面子了，无故把高都送给西周是什么意思？"苏代答："您慷慨地把高都送给东周，东周一定会很感激，必然投靠韩国。楚国知道后也会发怒甚至烧毁东周的符节，与东周断绝往来，这是以损失高都为代价而换取一个完整的东周，何乐而不为呢？"公仲侈听后不禁拍手称赞："妙计！妙计！"当即决定不再向东周征调兵甲和粮草，主动把高都土地割送给东周。果然不出所料，东周转变了态度，积极协助韩国抗敌守城。楚军由于久攻不下，无奈只得撤兵回国。韩国也从而保住了雍氏城。

08

冯驩巧辩孟尝君

　　冯驩是战国时期齐国人，是著名的孟尝君门下的谋士。他曾为孟尝君到封邑薛收取债息，却把无力偿还债务者的债券全部烧掉，为孟尝君树起仁义之威；在孟尝君一度失掉齐国相位时，他游说秦王和齐王，使孟尝君得以复职。冯驩运用谋略的重要特点是奇而深邃，"狡兔三窟"便是他谋略思想的集中体现。

　　冯驩耳闻孟尝君喜欢招揽宾客，便穿着破草鞋，带了一柄破剑来投靠孟尝君。孟尝君见到冯驩，先是谦恭地说："承蒙先生远道而来见我，不知您有何赐教啊？"冯驩见孟尝君礼贤下土，而自己则是"下车伊始"，不便显山露水，便含蓄地说："我听说你很喜欢谋士，所以就以贫贱之身投奔你来了。"孟尝君听他介绍是个"谋士"，便将他安排到食客住的"传舍"中，考验他十天，看他有什么"谋"。十天过去了，孟尝君问管理"传舍"的管家："客人有何作为呀？"管家说："这位冯先生很穷，只有一把破剑，剑上系着条丝绳。他每天都弹剑唱歌：'长铗归来呀，这里吃饭没有鱼。'"孟尝君想：冯驩没有献谋，可能是嫌吃得不好。于是又将他迁到高级一等的"幸舍"，每天有鱼肉给他吃。五天过去了，孟尝君又问管家冯驩有什么作为。管家说："冯先生还是每天弹剑唱歌。他唱道：'长铗归来呀，这里出入没有车子坐。'"孟尝君又将冯驩安排到更高级一等的"代舍"，出入都让他坐马车。又五天过去了，孟尝君再次询问管家，冯驩有没有出什么好主意。管家说："这位冯光生没有说别的，还是弹剑唱歌，歌词是：'长铗归来呀，这里没有家。'"孟尝君听后问冯家还有什么亲属，管家说有一老母。于是孟尝君就让人送钱物厚待其母。孟尝君觉得此人很奇怪，一定有才华只是没发挥出来，所以没有责备他，让他留在门下。

一年过去了，冯驩对孟尝君并无任何进言献策的行为。当时的孟尝君正在齐国任丞相。他虽在薛有万户采邑，但他有食客三千众人，采邑的租赋收入不够食客的消费和薪俸支出。所以，他便在薛地放债，以筹措钱款。但是，钱虽然放出去了，而借债者多数不按期付利息。眼看着食客们的薪俸就要发不出去了，孟尝君非常忧虑，问门下各位食客："谁熟悉会计，能为我到薛地收债呢？"冯驩自称没什么本事，又屡次受到关照，便自告奋勇说："我能。"孟尝君很奇怪地问："这个人是谁？"管家说："就是那个唱'长铗归来'的人。"孟尝君笑着说："这位先生真有这个能力，我就对不起他了。我从未曾接见过他。"于是请他来会见。

孟尝君说："我被琐事搅得疲惫不堪，被忧思闹得头脑发昏，又生性愚弱，沉溺在国家乱事之中，得罪了先生。先生不羞恼，还有心想为我到薛地收债吗？"冯驩说："愿意。"于是孟尝君让预备车马，整理行装。冯驩便载着债券契约出发了。辞行时冯驩问道："债务收完以后，用钱买什么回来？"孟尝君说："你看我家缺少什么东西，就买什么吧。"

到达薛地之后，冯驩先是进行调查研究，询问那些借债者能否还得上利息，对不能还息的，还特别问明原因，让能够还息的尽快交上利息。不久，他收得利息十万钱。他拿出一部分钱来，买了很多酒和肥牛，筹备宴请借债者。筹备妥当后，他请人杀牛置酒，让所有的借债者都带上借钱的证券来参加宴会。酒过三巡，他让借债者们把证券拿出来，一个一个地跟他带来的债券存根核对。凡能够还息的，就限期让他们还息；凡无力还息的，就将借钱的债券收回并当众烧毁。冯驩还郑重其事地对大家说："孟尝君之所以贷钱给大家，目的是接济那些暂时没有钱的人，以作营生之本；他现在之所以催促大家交上利息，是因为他已无钱俸养他的三千多名宾客。现在，你们中能还利息的，有的已付，有的咱们已约定还息的日期；无力还息的，你们已看到我把借钱债券烧毁了，连本带息都不要了。来，大家畅快地喝酒吃肉吧！各位遇到孟尝君这样爱护体贴民众的采邑主人，真是得幸万分呀！"这时，借债人都被冯骥的行动和言论感动了，刷的一声都站了起来，向冯骥鞠躬拜谢，称赞孟尝君贤良慈善。

冯骥麻利地干完收债之事，立即驱车回府向孟尝君汇报情况。对于冯骥的速度之快孟尝君又奇怪又高兴。他赶忙整衣戴冠接见冯骥，一见面就说："冯先生，债都收完了？回来得好快呀！"接着又问道："您给我带回来什么好东西呀？"冯骥见孟尝君兴致勃勃，便机智而一本正经地答道："我走时，您说'看我家缺少什么就买什么'。于是我就计划开了，我见到您的府中积有很多珍宝，圈中的狗马也养了许多，婢妾美人也有的是。您家所缺少的是'义'呀！所以我就为您把'义'买回来了。"孟尝君有点莫明其妙，又问冯骥："你买义，是怎么个说法？"冯骥胸有成竹地说："今天您只有一个小小的薛地，您都不知道去抚爱百姓，而只知道去取利。我是为您着想，才假装说是按您的指示，把还不起债款的人的债券都烧掉，以债款赏赐给采邑百姓。我这样做的结果，百姓们十分高兴，都高呼您万岁！所以，我说我为您买回'义'呀！"孟尝君此时仍不醒悟，非常不高兴地说："算了吧，冯先生。"冯骥进一步向孟尝君解释说："我烧掉债券的债户，都是十分贫穷的；而那些有钱的人我并没有烧，并且已和他们约定了还息的日期。那些赤贫者，您就是限定他十年之后还上利息，他们也还不上；而且过十年利息越滚越多，他们还不起就会举家逃离薛地。如果他们逃跑了，那么您不但得不到本钱和利息，而且齐王会认为您贪图私利不爱护士民，士民百姓则会认为您背离了齐王'爱护士民'的宗旨，只会榨取盘剥钱财。那样的话，就不能激励士民、显扬您的声望了。把那些根本收不回本息的借钱证券烧掉，舍弃那些根本得不到的钱财，让薛地百姓更亲近您，赞扬您慈善，这您还有什么值得疑虑的呢？"孟尝君听罢，口服心服，拱手称谢。

事后不久，齐王听信秦、楚的离间，以为孟尝君名高而擅权，所以罢免了他的相国之职。孟尝君去职后，回到他的采邑薛地去居住。薛地的老百姓因为孟尝君赏赐贫民债款，都记住了他的恩德，听说他被免职归乡，都很同情他，家家扶老携幼，敲锣打鼓，夜以继日到百里之外去迎接他。看到这个情景，孟尝君感慨万分。他十分钦佩而敬重地对冯谖说："先生为我买的义气，竟在今日看到了。"

孟尝君被免职后，在冯谖的设计帮助下，不久又恢复了其相位，齐王在薛地又给他增加采邑千户。

复职后，孟尝君决定召回他在撤职后离去的大批食客，还派冯谖去迎接他们。在为冯谖送行时，孟尝君感慨而气愤地说："田文我一惯好客，我待宾客也从不怠慢。但我一旦去职，他们便纷纷背我而去，毫不顾及我的面子和情意。现在我仰赖先生得以复他，看这些宾客有何颜面而再见我田文？如果再来见我，我一定唾其面以羞辱他们。"冯谖听完，赶紧下马，把马拴好，向孟尝君下拜。孟尝君说："先生是代宾客向我谢罪吗？"冯谖说："不是，是因为您的话不妥当。您知道吗，'物有必至，事有固然'。有生就有死，这是'物有必至'；富贵多士、贫贱寡友，这是'事有固然'。您没存见过市场上的情况吗？清晨，人们侧肩争门而入市场；日落的时候，市场内的人争着出门挤掉臂膀而不顾。这不是因为人们喜欢早晨而厌恶傍晚，而是因为从傍晚到清晨这段时间人们在市场上得不到什么利益。您失去职位的时候，宾客背您而去，这不必怨恨他们；否则会断绝宾客们归依您的道路。愿您像过去一样对待即将归来的宾客。"孟尝君很受教育，说："听了先生的话，怎能不领教呢！"

09

鲁仲连与辛垣衍的辩论

　　历史上有著名的"长平之战"，在秦国和赵国的长平之战中，秦国得胜后顺势东进包围了赵国的邯郸。赵国陷入了危急之中。赵孝成王赵丹恐惧，各国因畏强秦而不敢相救。魏安釐王魏圉（前276—前243年在位）派将军晋鄙率军十万救赵，走到荡阴（邑名，今河南省汤阴县），因秦王派使者威胁魏王，魏王害怕，令军队驻扎下来，不敢前进。魏王派客将军辛垣衍抄小路溜近邯郸，通过平原君赵胜（赵孝成王的叔父）见赵王，想让赵国派使臣去拥戴秦昭王称帝，秦国必然高兴地回兵。平原君犹豫不决。

　　就在这个时候，齐国的著名说客鲁仲连正在赵国，听说魏将想让赵国拥戴秦昭王称帝，就通过平原君见到了辛垣衍。二人见面之后，鲁仲连却不说话。辛垣衍说："现在邯郸城被秦军围困，留在城里的，我看都是有求于平原君的。看先生的样子，不像是有求于平原君的人，为什么还留在城里不走呢？"鲁仲连说："相传周代隐士鲍焦不满时世，不愿做官，靠打柴采橡实过活。有个人对他说，既不满意周朝，就不应生活在周的土地上，他就抱着树死去了。世上的人都认为鲍焦从容而死是因为缺乏宽大的胸怀，那就错了。一般的人缺乏知识，才只知道为个人打算呢。秦国是一个抛弃礼义只重征战的国家，用阴谋权诈待士人，像使用奴隶一样役使人民。如果让这样的国家肆无忌惮地称帝，甚至统治天下，那我只好投东海而死了，我可不忍心当它的臣民。所以，我要见您，是想帮助赵国。"

　　辛垣衍问道："您打算怎样帮助赵国呢？"鲁仲连说："我准备让魏国和燕国来支援赵国，至于齐、楚两国，它们本来就在帮助赵国了。"辛垣衍说："燕国帮助赵国，我相信您的说法；而魏国呢，我就是魏国人，您怎么能让魏国救赵呢？"鲁仲连说："那是因为魏国没有看到秦国称帝的祸害。只要让魏国知道了秦称帝的祸害，它就必然帮助赵国了。"

辛坦衍问："秦国称帝会有什么祸害呢？"鲁仲连说："从前齐威王曾经实行仁义，想率各国诸侯去朝拜周王。当时周朝既贫且弱，诸侯谁也不去朝拜，只有齐国去了。一年多以后，周烈王去世了，诸侯都去吊丧，齐王晚去了一步，继承周烈王的新王周显王大怒，派人到齐国报丧时说：'天崩地坼，连新天子都离开寝宫，睡在草席守丧，而东方属国齐国的齐威王却最后到达，其罪当斩。'齐威王勃然大怒道：'滚一边去吧！他那母后不过是个宫里的婢女！'这件事被天下人耻笑。周烈王活着时，齐威王去朝拜；用烈王死了就叱骂他的使臣，实在是忍受不了周室的苛求。至于说天子，当然得有点威风，也没有什么奇怪的。"

辛坦衍说："你只看见周王的苛求和齐威王呵斥周天子使臣，你怎么单看不见那些奴仆呢？他们十个人却服侍一个主人，难道是力气不如主人，智慧赶不上主人吗？那是因为害怕主人。"鲁仲连说："嘻！这么说来，魏王和秦王也像仆人和主人那样啦？"辛坦衍说："对。"鲁仲连说："既然这样，我就让秦王烹煮魏王，把他剁成肉酱。"辛垣衍很不高兴地说："嗳，嗳！先生的话太过分了！先生又怎么能使秦王把魏王剁成肉酱烹煮了呢？"

鲁仲连说："这是当然的了，您听我慢慢说。从前九侯、鄂侯、文王是纣王的三个大臣。九侯有个女儿长得很美，因此，献给纣王。纣王却认为她丑陋，因此，把九侯剁成了肉酱。鄂侯直言进谏纣王，为九侯说情。纣王又把鄂侯杀了做成肉干。文王听说了，长叹了一声，纣王也把他囚禁在羑里（今河南省汤阴县北）牢狱里一百多天，欲置之于死地。为什么和别人同样称帝王，却落个肉酱肉干的结果呢？"

其实，鲁仲连讲这个故事的目的是在告诉辛坦衍，魏王和秦王都是王，如果魏王甘于做秦王的奴仆，其下场不会好于九侯、鄂侯和文王。接着，鲁仲连又讲了齐湣王的故事。鲁仲连说："齐湣王时，东齐西秦，二强并立。但齐湣王不断发动对外战争，诸侯震恐，他却骄横自满，不思危殆。有一次，他到鲁国去，夷维子（齐臣）做侍从。夷维子问鲁国人："你们打算怎样接待我们国君？'鲁国人说：我们将用十副太牢的礼节（古礼，以牛、羊、猪各一为一太牢）接待你们国君。'夷维子说：'你们这是按什么礼节接待我们国君呢？我那国君是天子身份。天子到诸侯国巡视，诸侯照例应迁出正宫，交出钥匙，提起衣襟，捧着几案，在堂下侍候吃饭，等天子吃完，你们才能退下回朝处理政务。'鲁人一听，锁上关门，不接纳他们，结果二人没去成鲁国。他们又准备到薛国去（薛国在今山东滕县南），需从邹国（今山东省邹县一带）借路通过。这时，邹国国君刚死，齐湣王想去凭吊。夷维子对邹国继位的王子说：'天子来吊丧，主人必须把灵柩换个方向，摆成坐南朝北的方向，天子才好面南吊唁。'邹国群臣都说：'如果一定要这样办，我们宁愿伏剑自杀。'所以齐王不敢进入邹国。邹、鲁两国和齐国相比，都是弱小国家，为了自己国家的尊严，还有胆量拒绝齐王在他们面前行天子之礼的要求。如今，秦国和魏国均是兵车万乘的大国，名份上都可称王。如果只看到秦国打了一次胜仗，就驯服地尊秦称帝，这样看来，韩、赵、魏三国大臣连鲁、邹小国的奴婢都不如了。再说，秦王的野心本无止境，如果使他称帝，他就会撤换诸侯大臣，撤掉他认为无才的，换上他认为贤能的；撤掉他所憎恨的，换上他所喜爱的。之后，他又将自己的子女和花言巧语的姬妾作为诸侯的妃子，安插到魏国官中。到那时，魏王还能安安稳稳地过日子吗？将军您还能保住原有的尊贵地位吗？"

听了鲁仲连这番话以后，本打算劝说赵国尊秦称帝辛垣衍垣站起来，再三拜谢说："原先我认为，先生您是个平常人，今天我才知道您是天下杰出的高士。我现在就离开赵国，再不提尊秦称帝的事了。"秦军主将听到这个消息，把包围邯郸的部队后撤了50里。恰在这时，魏公子无忌用计夺了晋鄙军权，率军前来救援赵国，进攻秦军，秦军只好撤兵回国。赵国之难遂解。

10

诸葛亮舌战群儒

诸葛亮可以说是历史上少有的人才，在三足鼎立的三国时期，他的聪明谋略以及仁义忠诚历来被后世所传颂。幼年时，他随叔父移居襄阳隆中，青年时在南阳从事耕作，但留心世事，被称为"卧龙"。公元207年，刘备三顾茅庐，请诸葛亮出来帮助他争夺天下。诸葛亮给刘备分析了当时的形势，并提出争夺天下的战略。后又辅佐刘备称帝。

一次，刘备在当阳长坂遇到了曹军的袭击，兵败之后退到了夏口。诸葛亮向刘备提议说："事态已发展到十分紧急的时刻了，请你委派我出使东吴，去向孙权求救吧？"当时，孙权坐拥大军停留于柴桑（今江西九江市西南），静观曹操与刘备相斗。诸葛亮为推行联吴抗曹的战略，前往东吴面见孙权。

在东吴鲁肃的陪同下，诸葛亮进了前厅。一进大厅，他就见张昭、顾雍等一班文武官员二十多人，峨冠博带，已经端端正正地坐在这里。表面上是迎候诸葛亮，实际上是要给他一个下马威。张昭等人细看孔明，只见他丰神飘洒，器宇轩昂，猜想他一定是来游说的。张昭首先发难："听说刘备三顾茅庐，请先生当军师，以为'如鱼得水'。外人也都以为刘备如虎添翼，汉朝即将复兴，曹操就要覆灭了。谁想到，曹操一出兵，你们却丢盔弃甲，望风鼠窜，现在连个落脚的地方都没有了。听说先生把自己比作管仲、乐毅。请问：管仲、乐毅就是这样没有能耐吗？"听了张昭这番话，东吴群儒个个耸肩咂嘴，十分得意。

诸葛亮则微笑地说："大鹏展翅，志在千里，麻雀和小燕子怎么能看得出来呢？刘备起兵时，兵不满一千，将只有关羽、张飞、赵云。新野小县，人稀粮少。但我们却火烧博望在先，火烧新野在后，杀得夏侯淳、曹仁的十万大军心惊胆裂。管仲、乐毅用兵也不过如此吧！至于刘琮献出荆州，我军寡不敌众，胜负乃兵家之常事，有什么奇怪？想当年，汉高祖屡败于项羽之手，而垓下一战，终于获得最后胜利。这靠得是韩信的良谋呀！而韩信辅佐高祖，也并不是每战必胜。有关国家大计，人民安危的事，心中都应该有个周密的考虑，全国的安排不能像那些只会夸夸其谈之徒，靠着虚名来骗人。这种人高谈阔论比谁都强，可是临危应变呢？却一丁点能耐都没有，只能引起天下人的耻笑。"

诸葛亮连辩带挖苦，说得张昭哑口无言。忽然有人大声问道："现在曹丞相有雄兵百万，猛将千员，吞并荆州，虎视江南。先生，您怎么看待曹丞相呢？"这是虞翻发问。诸葛亮答道："曹操收降袁绍、刘表的乌合之众，虽然号称百万，其实没有什么可怕的。"虞翻冷笑道："在当阳打了败仗，躲进夏口没了主意，来向我们东吴求救，还大言不惭说什么'不怕'？真是拿着大话骗人呀！"

诸葛亮顿时反驳道："刘备虽是仁义之师，但只有几千人马，怎能敌得过曹操的百万残暴之众呢？现在退守夏口，是为了等待时机。而江东兵精粮足，又有长江之险，可是有些人却不顾天下人的耻笑，劝自己的主公去投降曹操。请问，是这帮子人害怕曹操，还是刘备害怕曹操呢？"

此时，虞翻被噎得目瞪口呆，顿时说不出话来。但是，座上又有一个人随即问道："曹操虽挟天子以令诸侯，但他毕竟是汉朝初期宰相曹参的后代。而刘备虽然自己说是中山靖王之后，可是没有明证，只不过是一个织席子、卖草鞋的罢了。这样的人怎么能和曹操抗衡呢？"

诸葛亮仍然微笑着回答："您不就是那位在袁术的座席上偷偷藏起三只橘子的陆绩先生吧？曹操既然是曹相国曹参的后代，就应该学他祖宗的样子，做一名忠实的汉朝的臣民。可是他却欺凌皇上，专权跋扈。因此，他不仅是汉朝的乱臣，也是曹家的逆子。刘备是堂堂正正的皇族的后代，连当今的皇上都叫他'皇叔'，怎么说没有明证呢？汉高祖的出身不过是个小小的亭长，但却得了天下，当了皇帝；那么织席、卖鞋又有什么丢人的呢？您这是小人之见，是不配和高雅的人士同堂议论的。"

此时的陆绩被说得面红耳赤。

接着，一个叫严峻的又问道："孔明先生只会强词夺理，没有什么引经据典的正论，我看您不必多谈，只是说一说您是钻研什么经典，研究哪门学问的吧！"诸葛亮说："您说的那种引经据典、断章取句、背诵条文，只不过是腐朽的儒生们干的事，怎么能振邦兴国、成就事业呢？就说古代那些开国的功臣们吧：商朝初期的伊尹种地，周朝初期的姜子牙钓鱼，还有辅佐汉高祖的张良、陈平，协助光武帝、使汉朝中兴的邓禹，这些老前辈都是擎天建国的良才，也没听说他们是研究什么经典、研究哪门子学问的。人们怎么能效法那些迂腐的白面书生，只会说东道西、舞文弄墨呢？"

严峻自知辩不过诸葛亮，便唉声叹气地低下了头。接着又有几个人进行非难，都被诸葛亮驳得张口结舌，无言以对。

可以说，诸葛亮凭着敏智的头脑和三寸不烂之舌，"过关斩将"，最终说服了孙权起兵抗曹。赤壁之战，曹兵大败，而魏、蜀、吴三足鼎立局面也自此形成。诸葛亮功不可没。

伍修权与杜勒斯斗法

1950年11月6日，杜鲁门蓄意指使当时所谓的侵朝联合国部队总司令麦克阿瑟以联合国军总司令的名义，向联合国提出报告，以此来污蔑中国破坏世界和平。11月8日，安理会讨论麦克阿瑟的报告。苏联和东欧国家主持正义，使安理会决定邀请中华人民共和国的代表出席参加讨论。

为了阻止中国参加会议，美国便纠集英、法等6国提出议案，集体污蔑中国人民志愿军抗美援朝，可能引起严重危险。

从1950年11月24日开始，美国开始发动强大总攻势，说是要在圣诞节结束朝鲜战争，中朝军队奋起投入第二次战役。

为麻痹中国人民志愿军，杜鲁门指使联合国秘书长赖伊，邀请中国政府派代表出席安理会讨论武装侵略台湾案的会议。

10月23日，周恩来总理兼外交部长通知了当时的联合国秘书长赖伊："中华人民共和国中央人民政府业已任命伍修权为大使衔特别代表，乔冠华为顾问，其他7人为特别代表之助理员，共9人出席联合国安理会，讨论中华人民共和国中央人民政府所提出控诉武装侵略台湾的会议。"

接到周总理的电报后，赖伊连忙交给美国驻联合国代表奥斯汀。而奥斯汀则如临大敌，又向美国总统杜鲁门、国务卿艾奇逊求援。

杜鲁门深知中国人是不好斗的，所以，他忙向美国特务机关和驻中国台湾、日本使馆下令搜集伍修权和乔冠华的情报。

奥斯汀随即知道：伍修权是当时中国最出色的外交家之一。早年留学苏联，参加过二万五千里长征，亲自参加过确立毛泽东在中共内地位的遵义会议，解放战争时期任第四野战军参谋长，现担任外交部苏联和远东司司长。

更令奥斯汀吃惊的是，代表团顾问乔冠华竟然只有37岁，人称苏北神童，是留学德国的哲学博士，也是有名的文坛狂人。他妻子龚澎"像是画中描绘的美人"。他夫妇都是深得周恩来指教的年轻外交官，乔冠华当时已是中国外交部亚洲司司长了。

1950年11月24日，伍修权率领中国政府代表团乘飞机到达美国纽约机场，代表团受到苏联驻联合国代表马立克和波兰、捷克等国代表及联合国礼宾联络科长的欢迎。

但是，杜勒斯却想趁中国代表团立足未稳之时，打伍修权个措手不及！所以，他突然提出24日马上讨论有关中国的提案，使中国代表团不能参加。

但由于苏联代表团团长维辛斯基的强烈反对，杜勒斯的阴谋最后以失败告终。杜勒斯见大会决定27日讨论有关中国的提案，就无理取闹，说他27日有事不能参加，但因受到各国一致谴责，只好同意27日参加联合国大会。

1950年11月27日，伍修权率领中国代表团首次出席了联合国政治委员会会议。当时苏联代表团团长维辛斯基正在发言，他一见中国代表团来到，立即中断自己的讲演，用热情洋溢的语言致欢迎词说：

"请原谅，我暂且中断我的演说。我以我们苏联代表团的名义，借此机会，向在主席的邀请下，现在正在会议桌前就坐的中国合法政府的代表伍修权先生以及代表团其他成员致敬，并祝他们今天在联合国组织中开始的活动获得成功！"

就在这一刹那，联合会议大厅里响起了欢迎中国代表团的热烈掌声。伍修权和中国代表礼貌地向欢迎者鞠躬致谢，再看一眼邻座，隔着英国代表杨格，就是美国代表杜勒斯。伍修权抬头看到面前桌子上，放着一个席位标志牌，牌上用英文写着"中华人民共和国"。牌子虽小，但在联合国会议大厅里，却显得格外引人注目，意义重大。因为当时美国等绝大多数国家都不承认新中国，阻挠恢复中国在联合国的合法席位。在此时此刻，这小小的牌子就显得不同凡响了。

中国代表伍修权没有在11月27日的联合国大会上发言，只是在大会上首次亮相，正式宣告中国代表团的到来！

可以说，中国代表团的首次亮相，就立刻吸引了全场的注意，许多对中国感兴趣的美国人千方百计弄到旁听证，早早来到会议厅抢占了最好位置；数不清的爱国华侨，也从美国各地赶来，倾听祖国母亲的声音。

各国记者纷纷把镜头对准中国代表团，外部的世界终于见识到了中国的风采，他们用相机拍下了中国代表充满自信的神情。记者们都称赞中国代表始终持坦然自若的态度，美国记者说他"拍下了四万万七千五百万中国人的真面目，要写尽中国代表端庄正直的仪表"！

11月28日，安理会讨论了中国提出的美国武装侵略中国台湾的提议。杜勒斯、奥斯汀一看美国要处于受审判地位，就连忙和联合国秘书长赖伊商量，硬把"控诉侵略大韩民国案"塞进议程，两个提案合并讨论，企图借此把水搅浑，从中渔利。

在奥斯汀的逼迫下，赖伊和安理会主席最终接受了他的意见，得意地对美国代表团成员说："你们就看我导演的好戏吧！"

中国代表一登上安理会的讲台，就引起了全场的强烈注意，大厅里人山人海，座无虚席，无数记者都蜂拥而来采访中美初次斗法的精彩节目。

对于发言的第一句应该说些什么，伍修权和乔冠华煞费苦心，两人一致同意一开始就向美国放出重型炮弹。于是，伍修权以军人的雄壮步伐大步走上举世瞩目的安理会讲台，指着奥斯汀的鼻子愤怒地说：

"我奉中华人民共和国中央人民政府之命，代表全中国人民，来这里控诉美国政府武装侵略中国领土台湾的非法行为！"

可以说，伍修权一发言就击中了美国的要害，把美国放在了被审判的狼狈处境。此时的奥斯汀无法辩驳，脸上青一阵、红一阵，忙用手支着下巴，掩饰窘态。

而中国的伍修权则精神抖擞地控诉美国武装侵略台湾的罪行，以不可辩驳的事实指出台湾自古就是中国的神圣领土，驳斥美国散布的"台湾地位未定"，"需由美国代管"等谬论，然后以世界最强音郑重宣布：

"不论联合国大会通过任何关于所谓台湾地位问题的决定，其实质都是赞助美国侵略台湾而反对中国人民的。一切这类决定，都不能阻止中国人民解放台湾的决心和行动！"

刹那间，整个会场鸦雀无声，都在倾听中国代表对所受帝国主义一百多年欺压的愤怒控诉。伍修权又提高嗓门，驳斥奥斯汀关于"美国未曾侵略中国领土"的诡辩说：

"好得很，那么，美国的第7舰队和第13舰空队跑到哪里去了呢？莫非是跑到火星上去了？不是的，它们在台湾。任何诡辩、撒谎和捏造，都不能改变这样一个铁一般的事实，美国武装力量侵略了我国领土台湾！"

乔冠华冷眼观察着台湾代表蒋廷黻，见他坐在半圆形座位的另一端，一直耷拉着脑袋，用手遮着前额，不让别人看他的脸色。有个美国记者偏偏凑上去，好不容易看清楚了，大声告诉同伴说："蒋代表面部带着一种丧家犬的神色。"这话立刻引起一阵哄笑。

伍修权越讲越有劲头，他怀着满腔义愤，揭露美帝国主义正在走日本帝国主义1895年的侵华老路，并且大手一挥强调说：

"1950年究竟不是1895年，时代不同，情况变了，中国人民已经站起来了！富有反侵略经验和高度警惕的中国人民，一定能驱逐一切侵略者，恢复属于中国的领土！"

为显示中国人民的诚意，伍修权代表中国政府向安理会提出三项建议：第一，谴责和制裁美国侵略中国台湾和干涉朝鲜的罪行；第二，使美国军队撤出台湾；第三，使美国和一切外国军队撤出朝鲜。

就这样，新中国的第一个外交代表在联合国近两个小时的演说，可以说是气冲斗牛，大快人心，大大提高了新中国的威望，显示出站起来了的中国人民的精神风貌。

但是，美国代表杜勒斯、奥斯汀却始终不愿甘拜下风。在11月29日操纵联合国会议讨论美国诬蔑"中国侵略朝鲜案"，安排韩国代表第一个发言。

为表示强烈的抗议，中国代表团故意不到划定的会议席就座，而是来到了贵宾席旁听。台湾代表蒋廷黻接着登台发言。为准备伺机反击，中国代表及时返回会议席。

蒋廷黻的发言除照例攻击外，主要是为美国的侵略恶行辩护。他硬着头皮说："美国是中国的朋友，从来没有侵略过中国，我们的小学教科书上就没有美国是帝国主义！"

伍修权准备据理驳斥台湾代表的荒谬论据，乔冠华则更敏感地抓住了对方的"小辫子"，小声提醒伍修权："他从头至尾都用英语发言……"

伍修权会意地点了点头，然后，马上举起手要求发言。会议主席对新中国比较尊重，允许伍修权作即席讲话。

伍修权奋勇出击，义正词严地揭露了蒋廷黻只是国民党残余集团的所谓"代表"，根本无权代表全中国人民，我们对之不屑置理，接着抓住他的"小辫子"，辛辣地挖苦嘲笑说：

"我怀疑这个发言人是不是中国人，因为伟大的四万万七千五百万中国人民的语言他都不会讲！"

伍修权的这一有力的"回马枪"可谓是沉重有力，气壮山河。这使他立刻博得全场一片惊天动地的掌声，也"杀"得台湾代表狼狈不堪。因为华语是联合国正式用语之一，中国代表当然可以直接使用华语，蒋廷黻却一直用英语发言，实在有损国格。新中国代表坚持用华语发言，给与会代表留下深刻印象，也使台湾代表陷入尴尬处境。

1950年11月30日，美国操纵安理会否决了中国提出的谴责和制裁美国侵略者、要求美军自台湾和朝鲜撤军的议案。然而，伍修权代表中国用铁的事实揭穿美国的侵略行径，义正词严地质问道：

"我要问奥斯汀先生，自美国发动侵略战争之后，从8月27日至11月25日，侵略朝鲜的美国飞机，侵犯中国领空已达300多次，出动飞机1000架以上，毁坏中国财产、杀伤中国人民，这是不是侵略？美国第7舰队侵入中国台湾领海，以阻止中华人民共和国对台湾行使主权，这是不是侵略？这是不是干涉中国内政？只准帝国主义侵略，不准人民反抗的时代已经过去了，我要告诉奥斯汀先生，美国的这种威胁是吓不倒人的！"

美帝国主义终于被击痛了，他们再也不敢与中国在大会上交锋。他们唯一的手段就是操纵联合国大会和政治委员会宣布无限期休会，实际上取消了中国利用联合国与美国侵略者斗争的机会。

中国代表及时地在会场之外摆战场，12月16日就在成功湖举行盛大记者招待会。会上，伍修权发言说：

"我们是为争取和平来的，我们向联合国安理会提出了种种合理建议，但不幸的是，虽然并非是出乎意料之外的，联合国安全理事会在美国集团的操纵下，拒绝了我国政府这个合理的和平建议。对此，我们表示坚决的反对和抗议！"

接着，伍修权严正声明，由于美国的无理阻挠，联合国不能继续讨论控诉美国侵略中国案，使中国至今未能就此问题在大会上继续发言，为使全世界听到中国的声音，特把准备在政治委员会上的发言分发给记者。

当时，刚刚在朝鲜战场上惨败的美国很想在联合国大会上拉中国妥协。但中国代表团却还之以坚决的斗争，不做任何妥协表示，也不同美国当权者有任何来往。美国在战场上吃了败仗，在联合国也没捞到什么好处，反而处于被谴责地位。美国一怒之下，便剥夺了中国继续参加大会的权利。

中国代表团的这场杰出斗争可以说是大长了中国人民的志气，展示了新中国的崭新形象，在国内外产生了巨大影响。

苏联舆论曾评价："联合国第一次响彻着中国人民代表的声音，这个声音所代表的政府，其稳固与人民对他的拥护，在中国历史上是无比的！"

美国的报纸杂志也发表文章指出："共产党中国的代表来到联合国后，美国人民的目光都转到成功湖（联合国总部）来了，中国在国际上的叩头外交一去不复返了！"